대학물리학실험

제 구 출

청범출판사

1 학기

---

2 학기

1 학기

1-0

실험발표 방법소개

실험 중에 임하는 태도

1. 실험목적을 명확하게 인식한다.

- 시행되는 대부분의 실험은 물리적인 이론을 검증하기 위해서 이루어진다. 따라서 실험에 적용되는 이론식의 의미를 잘 이해하여 명확한 실험목적을 갖는다.

2. 이론식에서 초기조건으로 결정되는 양들과 측정하는 변수들을 중심으로 실험장치를 이해한다.

- 초기조건이 무엇이며 이 초기조건이 실험장치에서 어떻게 결정되는지 그리고 이론식을 통해서 실험에서 측정하고자 하는 양이 무엇인지를 명확하게 이해한다.

3. 실험장치와 측정방법

- 측정해야 하는 변수를 바탕으로 사용되는 측정 장비의 기능을 먼저 익힌다.
- 측정하려는 변수를 기본으로 초기조건에 맞추어 실험장치를 설치한다.
- 기록표에 측정변수들을 잘 분리하여 기록한다. (단위를 명확하게 한다)

4. 측정 데이터를 어떠한 변수들로 그래프로 나타내면 실험목적을 잘 보여줄 수 있을지를 항상 염두하면서 실험을 시행한다.

실험발표에 대해서

실험의 학점은 실험참여도와 실험결과보고서 작성 및 구두발표로 이루어진다. 실험을 시행하는 조원은 4~5명으로 구성되지만, 실험결과보고서 작성 및 발표는 2인 1조로 구성한다.

발표는 ppt로 준비해야하며, 발표에 필요한 실험장치나 결과물들에 대해서 필요한 사진들을 찍어 사용한다. **무엇보다도 실험목적을 명확하게 이해하고 있어야 한다.**

발표형식은 실험목적을 잘 설명하고 평가하도록 구성되어져야 한다. 발표하는 내용들은 가능한 간단명료하게 나타내야 하며, 글로 설명하기보다는 가능한 그림과 도식화를 이용해서 나타나도록 구성한다.

* **반드시 결과보고서의 작성은 데이터의 분석이 완전하게 마친 후에 작성하도록 한다.**
* 반드시 실험측정데이터는 그래프 처리용 프로그램인 Origin, MATLAB, Σ_PLOT 등의 소프트웨어를 사용해서 표현한다.
* 그래프 표현 시 주의해야 할 점:
  - 실험목적을 잘 나타내도록 좌표측의 변수를 결정하고, 변수명과 단위를 반드시 생략하지 말고 표현한다.
  - 측정데이터의 그래프 처리는 실험결론을 잘 보여줄 수 있도록 표현한다.
  - 측정결과는 점으로 그리고 점 사이를 직선으로 연결하지 않는다.
  - 이론값도 실험결과를 나타내는 그래프에 동시에 실선으로 그려서 실험결과와 동시에 비교 분석하도록 한다.
  - 실험장치에 대한 사진은 실험방법과 실험이론을 동시에 잘 설명할 수 있는 형태로 찍는다.

실험발표문 구성소개

반드시 지켜야 할 것으로 실험결과보고서의 작성은 측정데이터의 분석이 완전히 이루어진 후에 작성하도록 한다.

실험발표는 5분 이내로 하고, 1~2분 정도 질문과 토의시간으로 구성된다. 따라서 발표순서는 절대적이지는 않지만 다음과 같은 방법을 참조하여 구성하길 바란다.

1. 실험제목의 재결정

실험결과를 잘 나타내는 구문으로 발표자 스스로 다시 결정한다.

2. 실험목적 소개

실험결과를 명확하게 분석한 후에 얻어진 실험제목을 좀 더 구체적으로 길지 않게 개략적으로 소개한다. 즉 발표할 방향과 데이터 분석방법들의 정보를 포함하여 진행된 실험의 전반적인 평가를 곁들이는 방향으로 구성한다.

3. 실험방법과 적용되는 이론 설명

실험설계와 측정과정을 전반적으로 설명하는 부분으로 실험방법을 이론식과 연계하여 측정하는 량을 중심으로 구체적으로 설명한다(이것은 실험결과를 평가 분석하는 데 매우 중요한 요인이 되기 때문이다). 발표시간으로는 3분 내로 설명한다.

4. 실험결과 소개

측정데이터를 그래프로 표시하고 나타난 결과를 소개한다(그래프 상의 표시에 단위와 변수들을 정확하게 기록한다). 무엇보다도 그래프에 측정데이터와 이론값을 동시에 제시하여, 그 결과를 평가하고 오차의 주된 요인들을 찾아 소개한다. 더 나아가 실험방법을 포함하여 종합적으로 실험목적에 부합되는 결과를 얻기 위한 새로운 실험방법들을 제시해본다.

5. 실험에 대한 토의

더 정확한 실험을 위해서 개선해야 할 실험장치나 측정 방법들에 대해서 논의 하며, 실험에 대한 응용성 등을 찾아본다. 내용적으로는 본 연구의 문제점과 추후 실험의 개선 방안 제시나 이론적 배경에 기초하여 평가한다.

1-1

길이의 측정

실험목적

버니어 캘리퍼스와 **마이크로미터**를 사용하여 물체의 길이, 원통의 내경과 외경, 얇은 철사의 두께 등을 측정하는 원리를 배우며 측정한 데이터를 측정 오차 한계의 정보를 포함시켜 기록하는 방법을 익힌다.

측정한 데이터에 대해서는 다음과 같은 개념을 익힌다.

- 측정값의 평균값과 표준편차의 개념을 익힌다.
- 측정의 정확도와 정밀도를 이해한다.
- 유효숫자 표시법과 연산될 경우에 유효숫자 표기법을 익힌다.

실험원리

※ 버니어 캘리퍼스(Vernier Calipers)

버니어 캘리퍼스는 주척(어미자)의 한 눈금인 1mm를 부척(아들자)으로 20등분한 길이(1/20mm)까지 정확하게 측정할 수 있는 정밀한 기기로 물체의 두께, 내경 외경, 깊이 등을 측정하는데 사용된다.

1. 각 부의 명칭

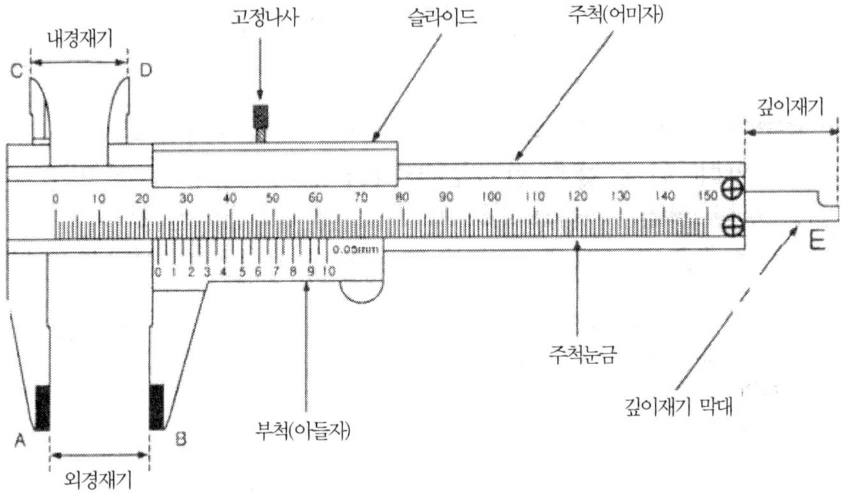

▌그림 1▌ 버니어 캘리퍼스의 각 부의 명칭

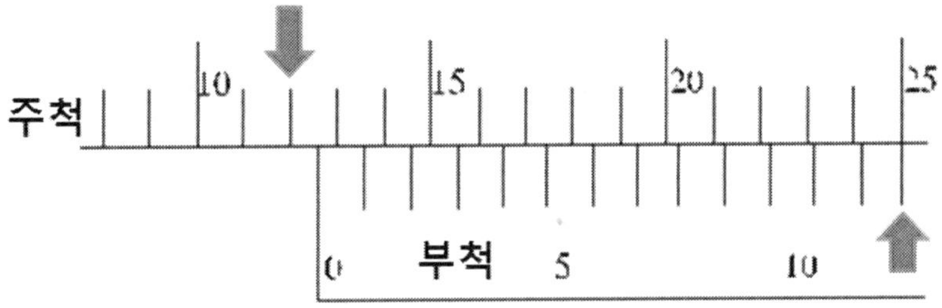

▌그림 2▌ 버니어 눈금을 읽는 법 : 먼저 주척의 눈금을 읽은 후에, 주척의 눈금과 부척과의 눈금이 일치하는 곳의 부척의 눈금 수를 읽는다.

2. 측정값을 읽는 법

① 부척의 눈금 0 이 위치하는 주척의 눈금을 mm까지 정확하게 읽는다. 그림에서는 주척의 눈금은 12mm가 된다.

② 주척의 눈금과 부척의 눈금이 일치하는 곳의 부척의 눈금을 읽는다. 부척의 한 눈금은 1/20mm=0.05mm이다. 그림에서는 부척의 눈금은 13개이므로 13×0.05mm가 된다.

③ 과정 ①과 ②에서 읽은 눈금의 값을 더해서 측정값으로 한다.

따라서 버니어캘리퍼스가 측정한 길이는 12mm+13×(1/20)mm=12.65mm이다.

❑ 측정시에 주의 사항

- 측정 전에 각 조우의 측정면을 닫고, 어미자와 아들자의 0점이 일치하는지를 확인한다.
  (이 경우의 측정압의 정도를 기억해서 다른 물체의 측정시에 표준측정압으로 사용한다.)
- 필요 이상의 측정압이 가해지지 않도록 주의한다. 측정압이 너무 세면, 조우가 벌어져 측정오차가 발생한다. (이 경우의 눈금의 오차를 기록하여 보정하는 것도 한 방법이다.)
- 어미자와 아들자의 눈금을 읽을 때는 정면에서 읽어 시차가 발생하지 않게 한다.
- 외측 측정시에는 측정물을 가급적 외측용 조우 안의 어미자 가까운 안쪽에 넣고, 외측용 조우의 측정면 전체를 측정물에 밀착 시켜준다.
- 내측 측정시에는 내측용 조우를 가급적 측정하고자 하는 면에 깊이 넣고 내측용 조우 측정면 전체를 측정물에 밀착 시켜준다.
- 깊이 측정시에는 깊이 바를 측정할 면에 대하여 직각이 되게 한다.

✻ 마이크로미터(Micrometer)

마이크로미터는 어미자의 0.5mm인 한 눈금을 아들자로 50등분한 길이(0.01mm)까지 정확하게 측정할 수 있는 기기이다.

1. 각 부의 명칭

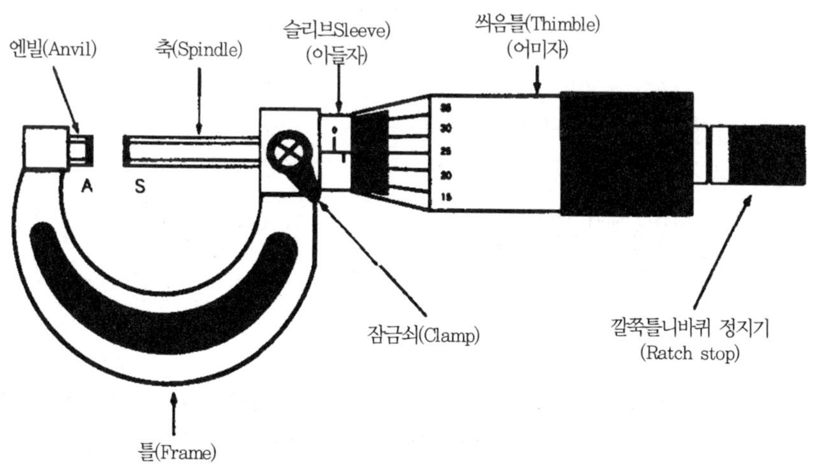

▌그림 3▐ 마이크로미터의 각 부의 명칭

2. 측정값을 읽는 법

마이크로미터도 어미자와 아들자로 구성되어 있는데 아들자는 어미자의 둘레를 회전하도록 되어있다. 어미자는 수평선의 위 아래로 눈금이 새겨져 있는데, 수평선 위의 눈금은 0, 1, 2, 3 ... mm를 나타내고 수평선 아래 눈금은 0.5, 1.5, 2.5 ...mm를 나타낸다. 따라서 어미자의 눈금 한 눈금은 0.5mm를 나타낸다. 아들자는 원의 형태로 어미자의 둘레를 회전하도록 되어 있으며, 눈금은 50개로 어미자 눈금과는 수직이고 어미자의 수평선과 만나도록 새겨져 있다. 아들자가 1번 회전하면 어미자의 한 눈금 0.5mm를 전진하게 된다. 이 경우 아들자의 한 눈금은 100분의 1mm에 해당한다.

측정하려는 물체를 두 날 사이에 놓고 손잡이를 돌려서 물체에 두 날이 거의 접근되면 끝의 보조 손잡이(돌리개)를 돌려서 물체에 날을 접촉시킨다. 물체에 날이 접촉된 후 돌리개를 계속 돌리면 탁하는 소리가 나는데, 이후에는 더 이상 돌리지 말고 그때 어미자와 아들자의 눈금을 읽는다. 어미자의 눈금은 아들자의 회전 눈금이 지나지 않은 값을 읽고 아들자의 눈금은 어미자의 수평선과 만나는 지점의 눈금을 읽는다. 눈금을 읽은 후에는 영점을 보정해야 한다.

① 아들자(Thimble)의 눈금 끝 경계면이 가리키는 어미자(Sleeve)의 눈금을 읽는다. 주자(Sleeve)의 눈금은 0.5mm 단위까지 읽는다.

② 어미자(Sleeve)의 눈금 중앙의 수평선과 아들자(Thimble)의 눈금이 일치하는 값을 읽는다. 이 아들자의 눈금 단위는 0.01mm이다.

③ 과정 ①과 ②에서 읽은 눈금의 값을 더해서 측정값으로 한다.

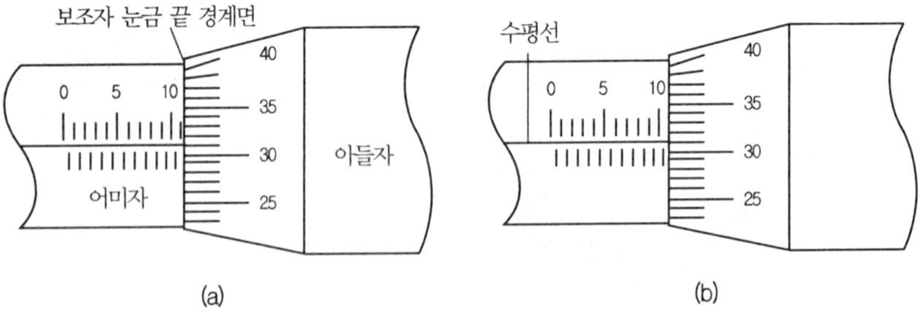

그림 4 마이크로미터로 길이를 측정하기 위해서는 먼저 어미자의 눈금을 읽고, 어미자의 수평선과 만나는 아들자의 눈금 수를 읽는다.

[그림 4]의 경우 눈금 읽는 법은 아래와 같다.

a) 어미자의 눈금은 11mm이고, 어미자의 수평선과 만나는 아들자의 눈금 수는 31개이다.

따라서 측정 길이는 11mm+31×(1/100)mm=11.31mm

b) 어미자의 눈금은 10.5mm이고, 아들자의 눈금과 어미자의 수평선과 만나는 아들자의 눈금 수는 31개이다.

따라서 측정 길이는 10.5mm+31×(1/100)mm=10.81mm

❑ 측정시에 주의 사항

- 측정 전에 어미자와 아들자를 돌려 측정하는 면들을 접촉시켜서 어미자의 수평선에 아들자의 영점과 일치하는지를 확인한다. 이 경우 필요 이상의 측정압을 가하지 않도록 주의한다.

  (이 경우의 측정압의 정도를 기억해서 다른 물체의 측정시에 표준 측정압으로 사용한다.)
- 대부분의 마이크로미터는 두 날이 직접 접촉했을 때 어미자의 0점과 아들자의 0점이 일치하지 않는다. 따라서 아들자의 0점이 어미자의 수평선을 지나친 경우는 지나친 눈금만큼 읽은 값에서 빼주어야 하며, 못 미친 경우는 그 만큼 읽은 값에 더해주어야 한다. ⇒ "영점보정"

  (이 경우의 눈금의 오차를 기록하여 보정하는 것도 한 방법이다.)

▶ 유효숫자와 연산

측정값에서 자리수를 나타내는 0을 제외한 모든 숫자를 유효숫자라 한다. 예로 측정값 0.00204의 경우 2 앞에 있는 0들은 자리수를 나타내고, 2, 0, 4는 유효숫자이다. 따라서 이 경우 유효숫자는 3개이다. 그러나 측정값이 20000 이라면 2 뒤에 있는 0들이 자리수를 나타내는지 유효숫자인지 알 수가 없다. 따라서 이 경우에는 유효숫자를 기본으로 10의 지수로 나타낸다. 예로 유효숫자가 2와 0로 두 자리이면, 측정값은 2.0×10^4으로 표시한다.

- 유효숫자끼리의 덧셈과 뺄셈의 경우 계산 결과값 표현은 유효숫자의 끝자리 중에서 가장 높은 자리까지 표현한다.

  예) $a)\ 302.3 + 23.249 = 325.848 \fallingdotseq 325.8$

  $b)\ 3.055 \times 10^4 - 2.3 \times 10^2 = (3.055 - 0.0023) \times 10^4$

  $= 3.0527 \times 10^4 \fallingdotseq 3.053 \times 10^4$

- 유효숫자끼리의 곱셈과 나눗셈의 경우 계산 결과값 표현은 유효숫자의 개수가 적은 자리까지 표현한다.

  예) $a)\ 5.2016 \times 7.14 = 37.1394 \fallingdotseq 37.1$ (3자리)

  $b)\ 8.246 \div 3.2 = 2.577 \fallingdotseq 2.6$ (2자리)

▶ N번 측정한 데이터 분석

실험값의 평균 : $x_{평균} = \frac{1}{N}\sum_{i=1}^{N} x_i$

표준편차 : $\sigma \equiv \sqrt{\frac{1}{(N-1)}\sum_{i=1}^{N}(x_i - x_{평균})^2}$

표준오차 : $\sigma_x \equiv \frac{\sigma}{\sqrt{N}} = \sqrt{\frac{1}{N(N-1)}\sum_{i=1}^{N}(x_i - x_{평균})^2}$ ⇒ 정밀도를 나타냄.

측정값 표현법 : $x = x_{평균} \pm \sigma_x$

- 정확도는 측정값이 참값에 근접하는 정도를 나타낸다.
- 정밀도는 반복된 측정값이 어느 한 값에 수렴하는 정도를 나타낸다.

실험기구 및 재료

버니어캘리퍼스, 마이크로미터, 철사, 원통, 종이 등

실험방법

(a) 버니어캘리퍼스

1) 주어진 원통의 내경, 외경, 깊이, 높이를 차례대로 측정하여 이들의 평균과 표준오차를 구한다.
2) 측정시에 부척이 밀리지 않도록 고정나사를 죄어 부척이 움직이지 않게 한다.

(b) 마이크로미터

1) 측정하려는 물체를 두 날 사이에 놓고 손잡이를 돌려서 물체에 두 날이 거의 접근되면 끝의 보조 손잡이(돌리개)를 돌려서 물체에 날을 접촉시킨다.
2) 물체에 날이 접촉된 후 돌리개를 계속 돌리면 탁하는 소리가 나는데 이 이후에는 더 이상 돌리지 말고 그때 어미자와 아들자의 눈금을 읽는다.
3) 시료의 두께와 직경을 각각 측정한 후, 영점을 보정하고 평균값과 표준오차를 구한다.

분석

1) 오차가 생기는 주된 요인은?

2) 오차를 줄일 수 있는 가능한 방법제시

3) 이 실험이 활용될 수 있는 영역은?

예비 보고서

길이의 측정

학과		학번		이름		실험조	
실험일시		공동실험자					

1. 실험목적

2. 원리요약(버니어캘리퍼스와 마이크로미터 눈금 읽는 방법)

3. 실험기구 및 재료

결과 보고서

길이의 측정

학과		학번		이름		실험조	
실험일시		공동실험자					
담당조교							
온도		습도		기압			

1. 측정값

[표 1] 버니어캘리퍼스를 이용한 길이측정

횟수	영점 mm	내경 mm	외경 mm	깊이 mm
1				
2				
3				
4				
5				
6				
7				
	평균			
	표준편차			
	측정값 표현			

2. 실험 결과

표 2. 마이크로미터를 이용한 길이 측정

시료 : 가는 철사

횟수	영점 mm	두께 mm	두께 mm	두께 mm
1				
2				
3				
4				
5				
6				
7				
	평균			
	표준편차			
	측정값 표현			

3. 질문 및 토의

1) 오차가 생기는 주된 요인은?

2) 오차를 줄일 수 있는 가능한 방법제시

3) 이 실험이 활용될 수 있는 영역은?

1-2 평균속도와 순간가속도 측정

실험목적

시공간에서 움직이는 물체의 운동을 기술하는 주요 물리량인 위치, 속도 및 가속도 개념을 이해한다. 1차원 직선운동을 하는 물체의 평균속도와 순간속도를 측정하여 가속도를 구해본다.

실험원리

물체의 운동은 시간에 따른 물체의 위치 변화를 나타내는 것이다. 따라서 물체의 운동을 명확하게 구별하기위해 속도와 가속도의 개념을 필요로 한다.

속도는 시간변화에 대한 변위변화의 비로 기술되는데, 평균속도와 순간속도라는 두 가지 변화율을 갖는다.

평균속도 $\bar{v}$ 는 다음과 같이 기술된다.

$$\bar{v} \equiv \frac{x(t_f)-x(t_i)}{t_f-t_i} \equiv \frac{\Delta x}{\Delta t} = \frac{\text{변위 변화량}}{\text{시간 변화량}} \quad \cdots\cdots (1)$$

여기서 $x(t_f)$와 $x(t_i)$는 시간 t_f와 t_i에서의 위치를 나타내고, t_f와 t_i는 위치를 측정하는 나중시간과 처음시간을 나타낸다.

순간속도는 매우 짧은 시간동안의 평균속도이므로 다음과 같이 기술된다.

$$v = \lim_{\Delta t \to 0} \bar{v} \equiv \lim_{\Delta t \to 0} \frac{x(t_f)-x(t_i)}{t_f-t_i} = \lim_{\Delta t \to 0} \frac{\Delta x}{\Delta t} = \frac{dx}{dt} \quad \cdots\cdots (2)$$

가속도는 시간변화에 대한 속도변화의 비로 평균가속도와 순간가속도의 두 가지 변화율로 표현된다.

평균가속도 $\bar{a}$ 는 다음과 같이 기술된다.

$$\bar{a} \equiv \frac{v(t_f)-v(t_i)}{t_f-t_i} \equiv \frac{\Delta v}{\Delta t} = \frac{\text{속도 변화량}}{\text{시간 변화량}} \quad \cdots\cdots (3)$$

순간가속도는 매우 짧은 시간동안의 평균가속도이므로 다음과 같이 기술된다.

$$a = \lim_{\Delta t \to 0} \bar{a} = \lim_{\Delta t \to 0} \frac{v(t_f)-v(t_i)}{\Delta t} \equiv \lim_{\Delta t \to 0} \frac{\Delta v}{\Delta t} = \frac{dv}{dt} = \frac{d^2x}{dt^2} \quad \cdots\cdots (4)$$

보통 속도와 가속도라 하면 순간속도와 순간가속도를 의미한다.

가속도가 일정하면 식 (2)와 식 (4)로부터 물체의 운동 $x(t)$을 기술할 수 있다.

식 (4)로부터

$$v = v_i + at = \frac{dx}{dt} \Rightarrow t = \frac{v - v_i}{a} \quad \cdots\cdots (5)$$

$$x_f = x_i + v_i t + \frac{1}{2}at^2 \Rightarrow a = \frac{v_f^2 - v_i^2}{2(x_f - x_i)}$$

따라서 초기조건인 x_i와 v_i 가 주어지면 임의의 시간 t 에 대한 물체의 속도와 위치를 알 수 있다.

실험기구 및 재료

포토타이머 1개와 포토게이트 2개, 카트, 직선 트랙, 버니어캘리퍼스

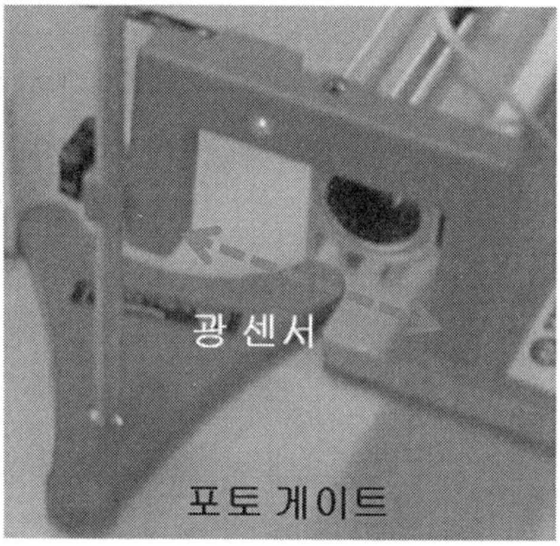

실험방법

❑ 평균속도 측정 :

본 실험에서는 위치 눈금이 새겨진 직선 트랙에 두 개의 포토게이트를 위치시킨다. (x_f, x_i 결정 : $L=|x_f-x_i|$) 카트를 밀어서 두 위치를 지나는 시간($t_f-t_i=\Delta t$)을 포토 타이머를 사용해서 기록하여 소요시간을 계산한다. (Gate mode)

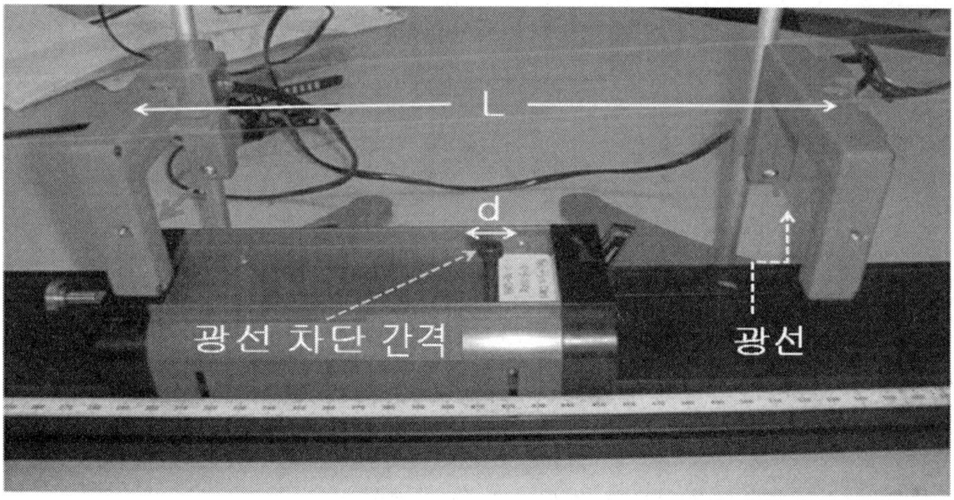

Pulse Mode 선택

- One Gate System : 포토게이트의 광센서가 끊어지는 순간부터 시간이 진행하여 다시 광센서가 끊어지면 시간이 멈추게 되므로 물체의 왕복시간을 읽을 수 있다.
- Two Gate System : 한 쪽에 포토게이트의 광센서가 끊어지면 시간이 진행하게 되고 두 번째 포토게이트의 광센서가 끊어지는 순간 시간이 멈추게 되므로 포토게이트 사이를 지나는 물체의 시간 간격을 읽을 수 있다.

□ 순간가속도의 측정 :

순간가속도는 두 위치에서의 순간속도와 두 위치의 변위를 측정해서 식 (5)를 사용해서 구할 수 있다. 순간속도는 카트 위의 나사 끝부분(d)이 포토게이트의 광센서를 지나가면서 광선이 끊어지는 동안의 시간이 포토 타이머에 표시된다.(Pulse mode) 따라서 두 위치의 포토게이트의 광센서(Δt)를 지나가는 두 위치에서의 시간을 측정하여 순간속도를 계산한다($v=\dfrac{d}{\Delta t}$).

Gate Mode 선택

포토게이트의 광센서가 끊어지는 동안의 시간을 측정한다. 따라서 물체의 크기를 알면 순간속도를 측정할 수 있다. 두 곳에서 순간속도를 구하기 위해서는 포토게이트를 두 곳에 위치시키고 펄스모드로 포토게이트를 지나는 시간을 읽어 순간속도를 계산한다.

위의 측정값들에 대한 평균값과 표준편차를 계산해본다.

==

실험_1 : 평균속도 측정 실험

① 직선 트랙에 두 개의 포토게이트를 위치시키고 각 위치(x_i, x_f)를 기록한다.

② 포토 타이머의 모드를 Pulse Mode로 정한다.

③ 카트위의 나사가 포토게이트의 광센서를 지나도록 높이 조절을 한다.

④ 카트의 스프링힐을 이용하거나 카트와 레일 끝의 자석의 힘을 이용해서 카트를 살짝 밀어서 두 게이트를 지나는 시간 간격을 기록하여 둔다.

⑤ 식 (1)을 이용해서 평균속도를 기록한다.

⑥ 위 과정 ④~⑤를 반복한다.

⑦ 표 1에 측정 데이터를 기록하여 평균속도를 계산한다.

실험_2 : 순간가속도 측정 실험

① 직선 트랙에 두 개의 포토게이트를 위치시키고 각 위치(x_i, x_f)를 기록한다.

② 포토 타임머의 모드를 Gate Mode로 정한다.

③ 카트 위의 나사가 포토게이트의 광센서를 지나도록 높이 조절을 하고, 나사의 지름(d)을 버니어캘리퍼스로 측정한다.

④ 카트를 살짝 밀어서 나사가 게이트를 지나는 시간 간격을 각각 기록하여, 각 게이트를 지나는 순간속도를 계산한다.

⑤ 식 (5)을 이용해서 순간가속도를 기록한다.

⑥ 위 과정 ④~⑤를 반복한다.

⑦ 표 2에 측정 데이터를 기록하여 순간가속도를 계산한다.

분석

1) 이 실험이 활용될 수 있는 영역은?

▶ N번 측정한 데이터 분석

실험값의 평균 : $x_{평균} = \frac{1}{N}\sum_{i=1}^{N} x_i$

표준편차 : $\sigma \equiv \sqrt{\frac{1}{(N-1)}\sum_{i=1}^{N}(x_i - x_{평균})^2}$

표준오차 : $\sigma_m \equiv \frac{\sigma}{\sqrt{N}} = \sqrt{\frac{1}{N(N-1)}\sum_{i=1}^{N}(x_i - x_{평균})^2}$

디지털 포토게이트 타이머 시스템 (Digital Photogate Timer System)

소개 :

포토게이트타이머는 게이트 모드('Gate' Mode), 펄스 모드('Pulse' Mode), 진자 모드(Pendulum Mode), 스톱워치 모드(Stopwatch Mode)의 4 가지 측정모드로 작동하는 시간 측정 장치이다. 측정모드에 따라 물체의 운동시간, 진동주기 등을 직접 측정하거나 물체의 운동 시간의 측정값과 물체의 크기 정보를 이용하여 순간속도(평균속도), 가속도(평균가속도), 각속도(각가속도) 등의 물리량을 간접적으로 측정할 수 있는 기기이다.

포토게이트는 빛을 발생시키는 발광다이오드와 빛을 검출하는 광센서로 결합된 장치인데, 임의의 물체가 지나가면 광센서에 광선이 가리었다가 노출되는 순간에 타이머가 작동되고 이어서 다시 광센서가 가리었다가 노출될 때 타이머가 멈추는 원리로 시간을 측정하는 장치이다. 또 다양한 모드의 선택을 통해 광센서에 빛이 차단되는 동안에 타이머를 작동시켜 시간을 측정할 수도 있다.

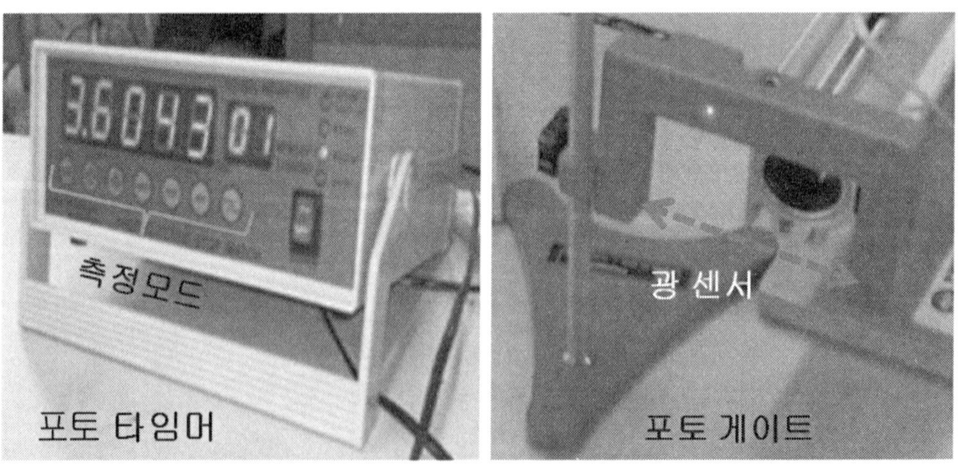

포토게이트 타이머와 포토게이트

사양 :

포토게이트 타이머 :입력전압: DC 9V, 출력전압: 5V/180mA, 입력채널: 디지털 2채널

포토게이트: 광센서 장착, 어댑터: 9V/300mA, 포토게이트 지지대

측정모드의 기능

- **Gate 모드** : 물체가 포토게이트의 광센서를 지나가며 광센서를 가린 시간을 측정한다. 즉, 물체가 광센서를 가리기 시작할 때 타이머가 'Start' 되고, 물체가 지나간 후 광센서를 노출시킬 때 타이머가 'Stop' 되어 물체가 광센서를 차단되는 순간부터 차단이 끝날 때까지의 지연시간을 측정한다. 물체의 길이를 안다면 물체의 순간속도를 구할 수 있다. 또한 충돌 전후의 물체의 속도를 측정하는데도 사용한다.
- **Pulse 모드** : <u>포토게이트를 1개를 사용하는 경우로써</u> 포토게이트의 광센서를 물체가 처음으로 차단을 시작할 때부터 두 번째 차단을 시작할 때까지의 시간을 측정한다. 이 기능은 물체의 왕복시간을 측정하는데 사용된다. <u>포토게이트 2개를 연결하여 사용하는 경우에는</u> 두 포토게이트 사이를 지나는데 필요한 시간을 측정한다. 이 경우 두 포토게이트간의 거리를 알면 평균속도를 측정하는데 사용된다. (주의) 물체가 첫 번째로 지나는 포토게이트가 반드시 채널1에 연결되어야 한다.
- **Pend 모드** : 물체가 하나의 포토게이트의 광센서를 처음으로 차단하는 순간부터 세 번째로 차단되는 순간까지의 시간을 측정한다. 이 기능은 진자의 주기를 측정하는데 사용한다.
- **Stop Watch 모드** : 직접 시간 측정을 하는데 사용한다.

사용법

- 본체 뒷면 전원을 킨다.
- 'Mode' 버튼을 눌러 'Gate', 'Pulse', 'Pend', 'Stop Watch' 중의 원하는 측정모드를 선택한다.
- 측정하는 시간 크기를 1ms 와 0.1ms의 두 가지 중 한 가지의 스위치를 맞춘다.

- 리셋(reset) 버튼을 눌러 측정대기 상태로 맞춘다. 측정대기 상태가 되면 계기판에 '!' 표시가 나타난다.
- 한 번 측정이 되면 포토게이트 타이머는 멈추게 된다. 이어서 같은 실험을 반복하고자 할 때에 다시 'Start/Stop' 버튼을 눌러 대기 상태에 둔다.
- 포토게이트 타이머에 일시적으로 저장된 데이터를 확인하고자 할 때에는 'Pend/Memory' 버튼이나 'Mode' 버튼을 눌러 확인한다.

※ 사용상의 주의 사항

예비 보고서

평균속도와 순간가속도 측정

학과		학번		이름		실험조	
실험일시		공동실험자					

1. 실험목적

2. 원리요약

3. 실험기구 및 재료

4. 실험방법

결과 보고서

평균속도와 순간가속도 측정

학과		학번		이름		실험조	
실험일시		공동실험자					
담당조교							

온도		습도		기압	

1. 측정값

[표 1] 평균속도와 순간속도 측정으로부터 순간가속도 유도
(같은 힘으로 작용 : 카트차의 용수철 발사장치 이용)

나사못 지름 : $d=$ cm

	위치 (cm)		변위 (cm)	펄스 모드	Gate 모드		평균속도	순간속도1	순간속도2	가속도
n	x_i	x_f	$\Delta x = x_f - x_i$	Δt	t_1	t_2	$\bar{v} = \frac{\Delta x}{\Delta t}$	$v_1 = \frac{d}{t_1}$	$v_2 = \frac{d}{t_2}$	$a = \frac{v_2^2 - v_1^2}{2\Delta x}$
1										
2										
3										
4										
5										
나사못 지름 $d=$ cm					평균(cm/s)					
					표준편차(cm/s)					

[표 2] 순간가속도 측정

나사못 지름 : $d=$ cm

	위치(변위)		소요시간		순간속력		순간가속도
n	x_i(cm)	x_f(cm)	$\Delta t_i(s)$	$\Delta t_f(s)$	$v_i = d/\Delta t_i$ (cm/s)	$v_f = d/\Delta t_f$ (cm/s)	$a=\dfrac{v_f^2-v_i^2}{2\Delta x}$ (cm/s^2)
1							
2							
3							
4							
5							
$\Delta x = x_f - x_i$(cm)					평균(cm/s)		
					표준편차(cm/s)		

2. 실험 결과

3. 질문 및 토의

1) 실험결과와 이론결과를 비교해서 그 결과에 대한 이유를 기술해라.

2) 위 실험에 있어서 결과에 매우 예민하게 작용하는 요인은 무엇이며, 이 요인을 줄일 수 있는 방법을 기술해라.

3) 위의 실험경험이 실제로 적용될 수 있는 예를 들어 보시오.

1-3

자유낙하 운동에서 중력가속도 측정

실험목적

자유낙하 운동을 하는 물체의 위치에 대한 시간을 측정하여 중력가속도를 구한다. 또 물체의 위치-시간 그래프로부터 자유낙하 운동의 물리적인 법칙을 이해한다. 그리고 중력가속도가 질량에 무관함도 살펴본다.

실험원리

지상에서 자유낙하 하는 물체의 운동은 등가속도 운동으로 기술된다. 중력이라는 일정한 힘이 물체에 작용하는 경우 물체는 등가속도 운동을 하게 되는데, 이 가속도를 중력가속도라 부른다. ($g = 9.8\ \mathrm{m/s^2}$)

뉴턴의 법칙에 따라 물체에 작용하는 중력은 다음과 같이 기술된다.

$$F = mg = m\frac{dv}{dt} \Rightarrow g = \frac{dv}{dt} \quad \cdots\cdots (1)$$

자유낙하($v_0 = 0$)하는 물체의 속도는 다음과 같이 얻어진다.

$$v_f = (v_0 = 0) + gt \quad \cdots\cdots (2)$$

물체가 정지상태에서 중력가속도로 높이 h에서 지면까지 떨어지는 경우 운동방정식은 다음과 같이 기술된다.

$$2gh = v_f^2 - v_0^2 = g^2t^2 \Rightarrow g = \frac{2h}{t^2} \quad \cdots\cdots (3)$$

$$h = \frac{1}{2}gt \Rightarrow g = \frac{2h}{t^2} \quad \cdots\cdots (4)$$

따라서 물체가 높이 h에서 지면에 떨어지는 시간을 측정하면 중력가속도를 계산할 수 있다.

위의 수식으로부터 중력가속도는 추의 질량에는 무관하고 오직 낙하거리와 시간에만 의존함을 알 수 있다. 자유낙하 운동에서 공기의 저항은 무시하기로 한다.

실험기구 및 재료

자유낙하 장치, 포토타이머, 쇠구슬, 자

장치와 방법

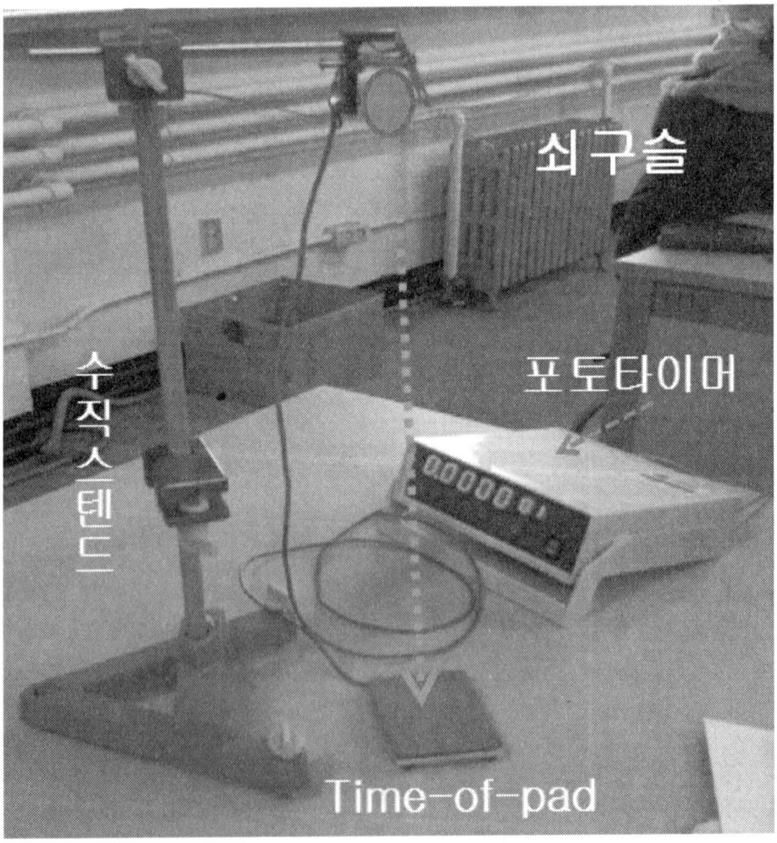

▌그림 1▌ 자유낙하 실험장치

실험방법

① 먼저 [그림 1]과 같이 실험장치를 구성한다. 강구발사 Holding 장치, Time-of-Pad에 달려있는 스테레오 잭을 Photogate Timer System의 뒷편 SENSOR INPUT 1 잭에 연결하고, Photogate Timer System의 전원을 연결한다(모든 장치를 연결 후 전원을 켠다-센서보호).

② 강구의 직경(d)을 측정하고 강구발사 Holding장치의 원형홈과 볼트의 홈사이에 강구를 위치하게 한 후 스프링이 달린 코어를 뒤쪽으로 적당히 밀어 넣은 후 코어 고정볼트로 코어가 움직이지 않게 조정한다.

③ 수직스텐드의 삼발조절 나사를 조절하여 Time-of-Pad와 수직 중심에 오도록 조절한다.

④ Photogate Timer system을 Gate모드로 설정하고 실험준비를 완료한다.

⑤ Time-of-Pad의 위치(x_1)를 기록한다.

⑥ Holding장치의 위치(x_2)를 기록한다.

⑦ 강구발사 Holding장치의 코어고정볼트를 개방하면 강체구가 낙하하기 시작하고 포토게이트 타이머가 시간기록을 시작한다. 강체구가 Time-of-Pad에 닿는 순간 포토게이트 타이머는 시간을 멈추고 강체구의 운동시간을 표시 할 것이다. 강체구의 운동시간을 5회 반복실험하여 평균값을 기록한다.

⑧ Holding장치의 위치를 5cm씩 이동시켜 ⑤~⑧의 과정을 반복한다.

⑨ 측정값으로부터 x축을 운동시간(t^2), y축을 이동거리(Δx)로 하여 그래프를 작성한다. 그래프의 시간축의 절편을 기록하여 시간보정을 한다.

⑩ 직경이 다른 강체구로 바꾸어 위의 실험을 반복한다.

분석

1) 쇠구슬의 스위치 작동 시간을 어떻게 보정할 수 있을까?

 [높이에 따른 떨어지는 시간의 그래프를 이용해라. ($h-t^2$ 그래프)]

2) 포토타이머 센서 2개와 쇠구슬을 사용해서 중력가속도를 측정할 수 있는 실험을 설계해보아라!

▶ 포토타이머 센서 2개와 쇠구슬을 사용해서도 측정가능

Plus 모드와 Gate 모드로($h=\frac{1}{2}gt$, $2gs=v_2^2-v_1^2$) 측정해 본다.

① 포토타이머 센서 2개를 거리를 두고 연결한다.

② 포토게이트를 Plus 모드로 해서 쇠구슬을 떨어뜨려 시간을 잰다(자유낙하).

③ 포토게이트를 Gate 모드로해서 쇠구슬을 떨어뜨려 시간을 잰다.

 [센서를 지나는 속도를 구할 수 있다($v_1=R/t_1$, $R/t_2=v_L$)]

④ 타이머 센서 간격을 달리하면서 실험 ②~③을 다시 시행한다.

⑤ 단 실험 ②~③의 경우 같은 높이에서 쇠구슬을 떨어뜨린다.

▶ N번 측정한 데이터 분석

실험값의 평균 : $x_{평균}=\frac{1}{N}\sum_{i=1}^{N}x_i$

표준편차 : $\sigma\equiv\sqrt{\frac{1}{(N-1)}\sum_{i=1}^{N}(x_i-x_{평균})^2}$

표준오차 : $\sigma_m\equiv\frac{\sigma}{\sqrt{N}}=\sqrt{\frac{1}{N(N-1)}\sum_{i=1}^{N}(x_i-x_{평균})^2}$

예비 보고서

자유낙하 운동에서 중력가속도 측정

학과		학번		이름		실험조	
실험일시		공동실험자					

1. 실험목적

2. 원리요약

3. 실험기구 및 재료

4. 실험방법

결과 보고서

자유낙하 운동에서 중력가속도 측정

학과		학번		이름		실험조	
실험일시		공동실험자					
담당조교							

온도		습도		기압	

1. 측정값

[표 1] 쇠구슬 1

높이 : h = cm			높이 : h = cm		
n	t, 시간 (s)	$g = 2h/t^2 (cm/s^2)$	n	t, 시간 (s)	$g = 2h/t^2 (cm/s^2)$
1			1		
2			2		
3			3		
4			4		
5			5		
평균			평균		

높이 : h = cm			높이 : h = cm		
n	시간(s)	$g = t^2/2(cm/s^2)$	n	시간(s)	$g = t^2/2(cm/s^2)$
1			1		
2			2		
3			3		
4			4		
5			5		
평균			평균		

[표 2] 쇠구슬 2

높이 : h = cm			높이 : h = cm		
n	시간(s)	$g = t^2/2(cm/s^2)$	n	시간(s)	$g = t^2/2(cm/s^2)$
1			1		
2			2		
3			3		
4			4		
5			5		
평균			평균		

높이 : h = cm			높이 : h = cm		
n	시간(s)	$g=t^2/2\,(cm/s^2)$	n	시간(s)	$g=t^2/2\,(cm/s^2)$
1			1		
2			2		
3			3		
4			4		
5			5		
평균			평균		

3. 질문 및 토의

1) 실험결과와 이론결과를 비교해서 그 결과에 대한 이유를 기술해라.

2) 위 실험에 있어서 결과에 매우 예민하게 작용하는 요인은 무엇이며, 이 요인을 줄일 수 있는 방법을 기술해라.

3) 위의 실험경험이 실제로 적용될 수 있는 예를 들어 보시오.

1-4

포사체의 포물선 운동

실험목적

중력을 받아 포물선 운동하는 포사체의 운동은 수평방향과 수직방향의 운동으로 독립적으로 다룰 수 있다. 중력 하에서 이론적으로 포물선 운동을 기술하고, 실제적으로 포물선 운동을 실행하여 실험적으로 포물선 운동을 확인하고자 한다. 또한 포사체의 각도에 따라 실제 포물선 운동의 변화를 살펴본다.

실험원리

중력을 받으며 운동하는 포사체의 운동은 공기의 마찰을 무시하면 수평방향으로는 등속운동을 하고 수직방향으로는 중력가속도 g를 갖는 등가속도 운동을 한다.

높이 h에서 수평방향에 대해 θ만큼 기울어진 각도로 v_0의 초속도로 발사된 물체의 경우 물체의 수평방향 초속도는 $v_0\cos\theta$이고, 수직방향의 초속도는 $v_0\sin\theta$이다.

수평방향으로 작용하는 힘이 없기 때문에 등속도 운동을 하게 되고, 수직방향으로는 중력이 작용하기 때문에 등가속도 운동을 하게 된다.

수평방향과 수직방향의 운동은 다음과 같이 기술된다.

$$\left.\begin{aligned} x &= v_0 t\cos\theta \\ y &= h + v_0 t sin\theta - \frac{1}{2}gt^2 \end{aligned}\right\} \cdots\cdots (1)$$

포사체가 지면에 떨어지는 순간의 시간 $t_{지면}(>0)$을 구하면 포사체의 수평거리를 계산할 수 있다. 먼저 $t_{지면}$는 다음과 같이 구해진다.

$$0 = h + v_0 t_{지면} \sin\theta - \frac{1}{2} g t_{지면}^2 \Rightarrow t_{지면} = \frac{-v_0 \sin\theta \pm \sqrt{(v_0 \sin\theta)^2 + 2gh}}{-g} \quad \cdots (2)$$

$$t_{지면} > 0 \text{ 이기 때문에 } t_{지면} = \frac{v_0 \sin\theta + \sqrt{(v_0 \sin\theta)^2 + 2gh}}{g} \quad \cdots\cdots (3)$$

이다.

만약에 수평방향으로 물체가 운동한다면 $(\theta = 0)$ $t_{지면} = \sqrt{\frac{2h}{g}}$ 이다.

또한 수평이동 거리는 다음과 같이 주어진다.

$$x = v_0 \cos\theta \frac{\left(v_0 \sin\theta + \sqrt{(v_0 \sin\theta)^2 + 2gh}\right)}{g} \quad \Leftarrow \theta \neq 0 \quad \cdots\cdots (4)$$

$$x = v_0 \sqrt{\frac{2h}{g}} \quad \Leftarrow \theta = 0$$

실험적으로 포물선 운동을 확인하기 위해서 v_0, θ, x, h를 측정하여 위의 식 (4)가 만족하는가를 확인하는 것이다.

실험기구 및 재료

실험대 : 250mm×100m×(H)400mm

발사대 : 3개의 발사 위치 조절, 고정 나사

진자 : 각도기 장착

발사구 : 1″ (25.4mm), 자

[발사총, 발사구, 버니어캘리퍼, 미터자, 연직추, 흰종이, 먹지, 그래프용지]

장치와 방법

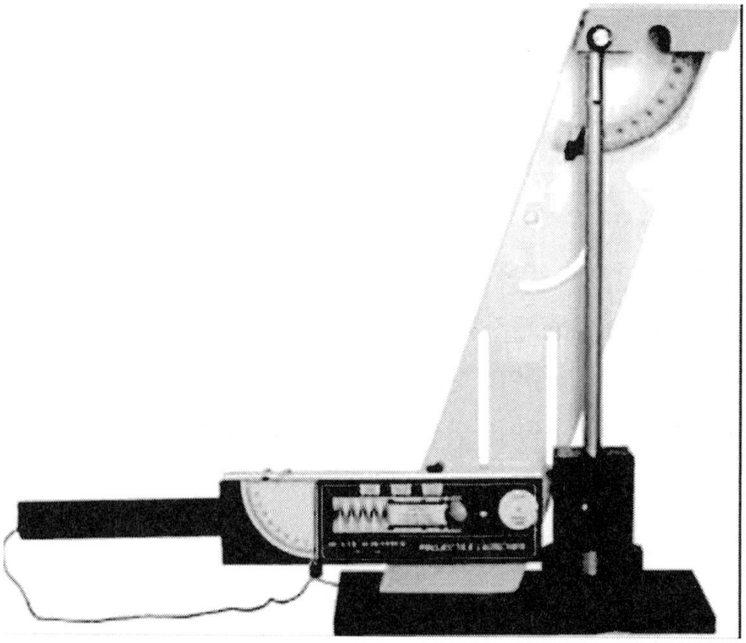

본 제품은 투사체 발사기가 부착되어 있으며 발사대는 3곳의 발사 위치가 있다. 또한 발사각을 알 수 있도록 각도기가 장착 되어 있어서 포사체의 발사각을 측정할 수 있도록 되어 있다.

또한 발사체의 초속도는 쇠구슬지름(R)이 포토게이트(Gate mode)를 통과하는 시간(T)을 측정하여 계산할 수 있다. $\left(v_0 = \frac{R}{T}\right)$

다른 각도들에 대한 높이와 수평이동거리를 측정하면 위의 포물선 식 (4)을 확인할 수 있다.

특별히 주의할 점은 포사체를 포구에 막대기로 넣는 동안 발사체의 장전을 유지해야 한다. 포사체가 움직이지 않도록 고정하고, 포사체가 항상 같은 방향으로 발사하게 하고, 지면에 떨어지는 곳을 잘 확인해야 한다.

실험방법

공의 초기속도 결정

① 발사체의 포구와 지면과의 높이 h와 포사체의 각도 θ를 측정한다.

② 발사체 포구에 포토타이머센서(Gate mode)를 설치하여 발사공의 순간속도를 구한다.

③ 발사총의 발사강도를 가장 약하게 두고 공을 넣는다.

④ 공을 발사하여 실험실 바닥에 떨어지게 하고, 그 곳에 낙하지점을 확인할 종이를 고정시키고 그 위를 먹지로 덮는다.

⑤ 발사를 반복하여 되풀이한다.

⑥ 포사체의 각도를 바꾸어가면서 실험 ②~⑤ 실험을 반복한다.

분석

1) 포사체의 각도에 따른 공기의 저항 정도가 포물선 운동에 미치는 영향력을 살펴본다.(θ에 따른 떨어지는 수평거리의 차이 분석과 이동시간과의 관계를 살펴본다.)

▶ N번 측정한 데이터 분석

실험값의 평균 : $x_{\text{평균}} = \dfrac{1}{N}\sum_{i=1}^{N} x_i$

표준편차 : $\sigma \equiv \sqrt{\dfrac{1}{(N-1)}\sum_{i=1}^{N}(x_i - x_{\text{평균}})^2}$

표준오차 : $\sigma_m \equiv \dfrac{\sigma}{\sqrt{N}} = \sqrt{\dfrac{1}{N(N-1)}\sum_{i=1}^{N}(x_i - x_{\text{평균}})^2}$

※ 사용상의 주의 사항

① 포사체에 쇠구슬 발사장치를 장전할 때 장전장치가 잘 작동하지 않아 쉽게 발사된다!!!

② 그래서 **쇠구슬을 발사장치 내에 손으로 넣는 것을 절대 금합니다**.

③ 발사장전장치를 부드럽고 두꺼운 물건을 사용해서 손으로 세게 누른 가운데,

④ **발사장치에 구슬을 떨어뜨리고 나무막대로 밀어 넣는다**.

⑤ **발사구 높이에 얼굴을 갖다 대지 않도록 주의한다**.

예비 보고서

포사체의 포물선 운동

학과		학번		이름		실험조	
실험일시		공동실험자					

1. 실험목적

2. 원리요약

3. 실험기구 및 재료

4. 실험방법

결과 보고서

포사체의 포물선 운동

학과		학번		이름		실험조	
실험일시		공동실험자					
담당조교							
온도		습도		기압			

1. 측정값

쇠구슬 지름 : $R=$ cm, 높이 : $h=$ cm, $g=980\,\mathrm{cm/s^2}$

$\theta=0°$	시간 T(s)	$v_{x0}=R/T$ (cm/s)	$x_{이론}$ (cm)	$x_{측정}$ (cm)
1				
2				
3				
4				
5				
		평균		

$$t_{지면}=\frac{v_0\sin\theta+\sqrt{(v_0\sin\theta)^2+2gh}}{g}$$

$$x_{이론}=v_0\cos\theta\,\frac{\left(v_0\sin\theta+\sqrt{(v_0\sin\theta)^2+2gh}\right)}{g}$$

$h=$ cm

$\theta=\ 10°$	시간 T(s)	$v_{x0}=R/T$ (cm/s)	$x_{이론}$ (cm)	$x_{측정}$ (cm)
1				
2				
3				
4				
5				
		평균		

$h=$ cm

$\theta=\ 30°$	시간 T(s)	$v_{x0}=R/T$ (cm/s)	$x_{이론}$ (cm)	$x_{측정}$ (cm)
1				
2				
3				
4				
5				
		평균		

$h=$ cm

$\theta = 45°$	시간 T(s)	$v_{x0} = R/T$ (cm/s)	$x_{이론}$ (cm)	$x_{측정}$ (cm)
1				
2				
3				
4				
5				
		평균		

$h=$ cm

$\theta = 60°$	시간 T(s)	$v_{x0} = R/T$ (cm/s)	$x_{이론}$ (cm)	$x_{측정}$ (cm)
1				
2				
3				
4				
5				
		평균		

3. 질문 및 토의

1) 실험결과와 이론결과를 비교해서 그 결과에 대한 이유를 기술해라.

2) 위 실험에 있어서 결과에 매우 예민하게 작용하는 요인은 무엇이며, 이 요인을 줄일 수 있는 방법을 기술해라.

3) 위의 실험경험이 실제로 적용될 수 있는 예를 들어 보시오.

1-5

힘의 평형과 벡터합성

실험목적

힘의 평형장치를 이용해서 한 점에 작용하는 여러 힘들의 평형조건을 알아보고, 힘이 벡터적 합성과 분해를 잘 만족하는가를 벡터의 개념을 사용해서 확인한다.

실험원리

물체에 작용하는 힘은 벡터량으로 크기와 방향을 갖는 물리량이며 병진운동과 회전운동을 일으키는 원인이 된다. 따라서 병진운동을 일으키는 힘을 $\vec{F}$, 회전운동을 일으키는 힘을 토크라 부르며 $\vec{\tau}$로 표시하자. 물체가 평형상태를 유지하려면 병진운동과 회전운동의 변화가 없는 상태로써, 외부에서 물체에 작용하는 힘과 토크의 효과가 없는 상태가 유지되어야 한다. 따라서 물체가 평형상태에 있을 조건으로는 병진평형과 회전평형 상태가 동시에 만족하여야 한다.

첫 번째로 병진평형조건으로 물체에 작용하는 모든 힘의 합이 영이 되어야 한다.

$$\sum_i \vec{F_i} = 0$$

이 식은 물체의 속도가 일정하게 유지되는 상태이다. 만일에 정지한 물체는 정지된 상태에 놓이는 것이다.

두 번째로는 회전평형조건으로 물체에 작용하는 모든 토크의 합이 영이 되어야 한다.

$$\sum_i \vec{\tau} = 0$$

이 식은 각운동량이 일정하게 유지되는 상태이다.

일반적으로 물체의 평형상태는 위의 두 조건을 동시에 만족하는 상태이다. 하지만 본 실험은 한 질점에 작용하는 세 힘의 평형을 고려하므로 병진 평형조건만 고려하면 된다.

따라서 힘의 평형 조건을 통해 벡터의 분해와 합성을 작도법과 해석법을 통해 살펴보겠다.

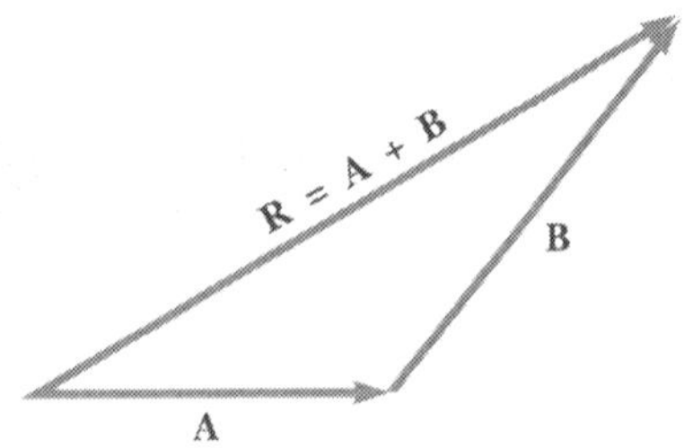

▌그림 1-a▐ 두 벡터의 기하학적인 벡터의 합성(작도법)

방법 1) 도식법

벡터량은 크기와 방향을 동시에 갖는 양으로, 두 벡터 $\vec{A}$와 $\vec{B}$ 의 덧셈은 [그림 1-a]처럼 표시된다.

$$\vec{R}=\vec{A}+\vec{B}$$

[그림 1-a]와 같이 기하학적인 방법으로 벡터 $\vec{A}$ 의 꼬리에서 벡터 $\vec{B}$의 머리까지 그려준 벡터로 두 벡터의 합성 벡터 $\vec{R}$을 표시한다. 둘 이상의 벡터의 합인 경우도 [그림 1-b]와 같이 처음 벡터의 꼬리에서 마지막 벡터의 머리 부분까지 연결한 벡터가 벡터의 합 벡터가 된다.

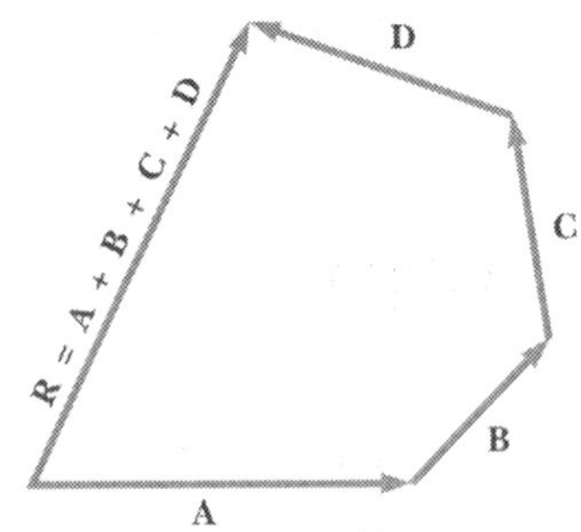

▌그림 1-b▐ 둘 이상의 벡터의 기하학적인 벡터의 합성

$$\vec{R}=\vec{A}+\vec{B}+\vec{C}+\vec{D}$$

방법 2) 해석법

벡터의 각 성분들을 이용한 합성

벡터는 [그림 2]처럼 각 방향의 성분벡터로 표시되어진다.

$$\vec{A}=A_x\hat{i}+A_y\hat{j}=|A|\sin\theta\hat{i}+|A|\cos\theta\hat{j}$$

$$\tan\theta=\frac{A_x}{A_y}$$

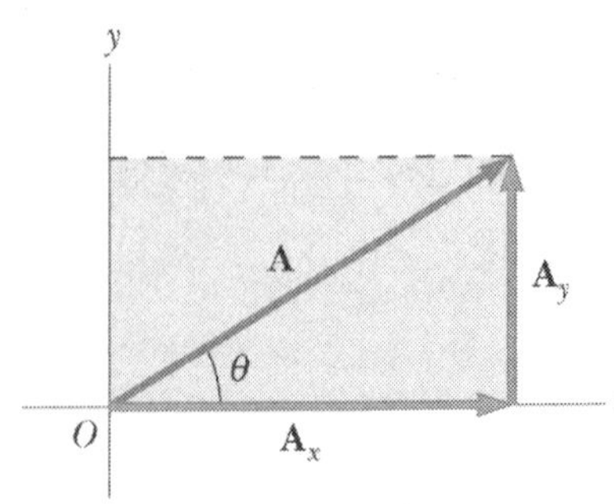

▌그림 2▐ 벡터의 성분 표시

여기서 $\hat{i}, \hat{j}$는 x 와 y 축의 단위 벡터이다. 따라서 두 벡터의 합을 [그림 2]와 같이 sine과 cosine의 삼각법칙을 이용해서 해석적으로 구할 수도 있다.

[그림 3]에서 합력 $\vec{F}$의 크기는 다음과 같이 주어진다.

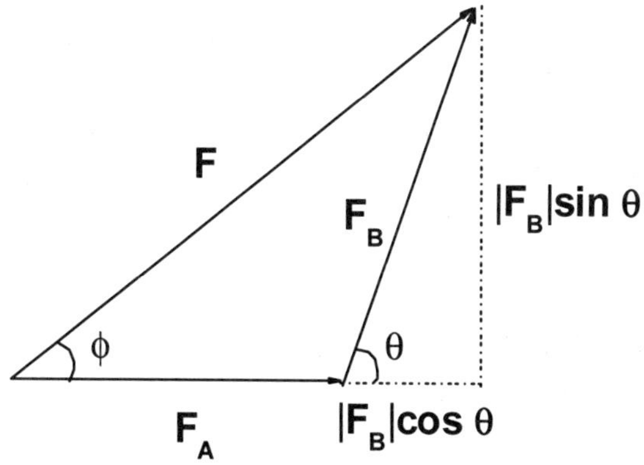

▌그림 3▌ 해석법에 의한 합성

$$|\vec{F}| = \sqrt{|\vec{F_A}|^2 + |\vec{F_B}|^2 + 2|\vec{F_A}||\vec{F_B}|\cos\theta}$$

여기서 주어지는 각 ϕ는 $\tan\phi = \dfrac{|\vec{F_B}|\sin\theta}{|\vec{F_A}| + |\vec{F_B}|\cos\theta}$가 된다.

장치와 방법

평형판에 세 힘 벡터가 [그림 4]와 같이 평형을 이루게 한다. 이 경우 각 힘들과의 사이각 θ_1, θ_2, θ_3을 측정한다. 세 힘의 세기는 중력 $F = mg$로 주어진다.

평형조건을 확인하기 위해서 세 힘의 벡터를 [그림 5]와 같이 축을 정하여 힘을 분리하여 각 성분들의 힘의 합이 영이 되는지를 확인한다.

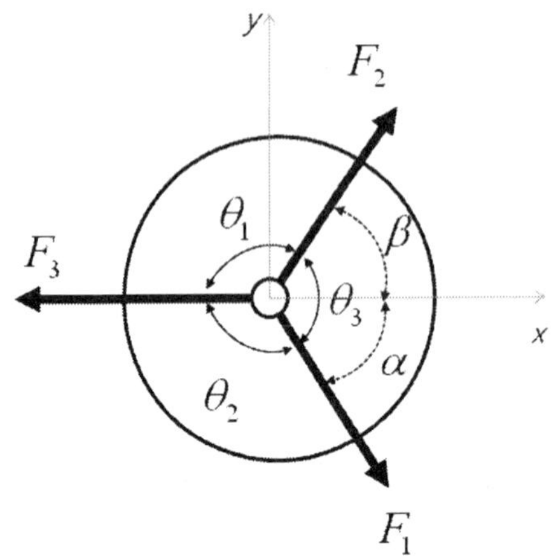

▌그림 4▐ 평면판에 평형으로 작용하는 세 힘과 사이각 측정

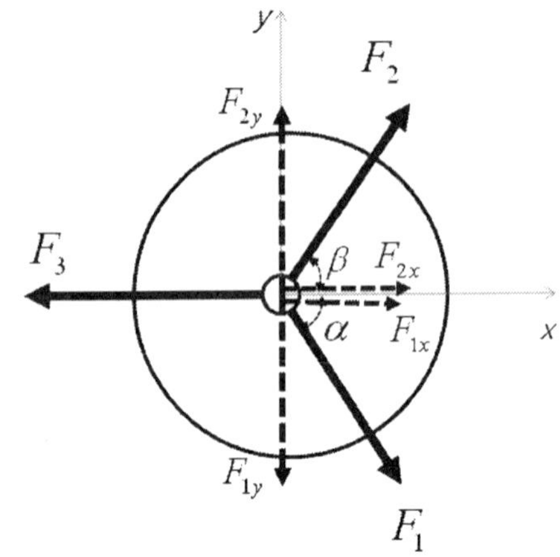

▌그림 5▐ 세 힘의 벡터성분

따라서 세 힘으로 작용하는 계의 평형 조건은 다음과 같다.

$$F_3 = F_{1x} + F_{2x} = F_1 \cos\alpha + F_2 \cos\beta \quad \rightarrow \quad x-\text{성분 평형조건}$$

$$F_{1y} = F_{2y} \quad \Leftrightarrow \quad F_1 \sin\alpha = F_2 \sin\beta \quad \rightarrow \quad y-\text{성분 평형조건}$$

추의 무게를 달리하여 세 힘의 벡터를 바꾸어가며 힘의 평형조건을 확인해본다.

실험기구 및 재료

힘 합성대는 중심 나사 위에 각도가 새겨진 원판이 올려진 구조이다. 추 3개를 달아서 원판 위에서 평형이 되는 위치의 각도를 읽으므로 힘의 평형 상태를 확인할 수 있다.

실험방법

① 수평계를 합성대 위의 눈금 원판에 올려놓고 합성대의 조정나사를 돌려 눈금원판이 수평이 되도록 맞춘다.

② 임의의 물체를 3개의 추걸에 올려놓고 서로간의 적당한 각도를 조절하여 평형 상태가 되도록 한다.

③ 원판의 평형 상태는 눈금원판의 중심이 3개의 추걸이를 연결한 원형 고리의 중심 위치에 놓이도록 한 상태이다.

④ 평형상태에서의 추걸이에 작용하는 물체의 질량(추걸이 포함)들과 각도들을 기록한다.

⑤ 같은 실험을 추걸이의 질량과 각도를 바꾸어 가며 반복한다.

⑥ 측정 결과를 도식법과 해석법으로 구한 결과와 비교한다.

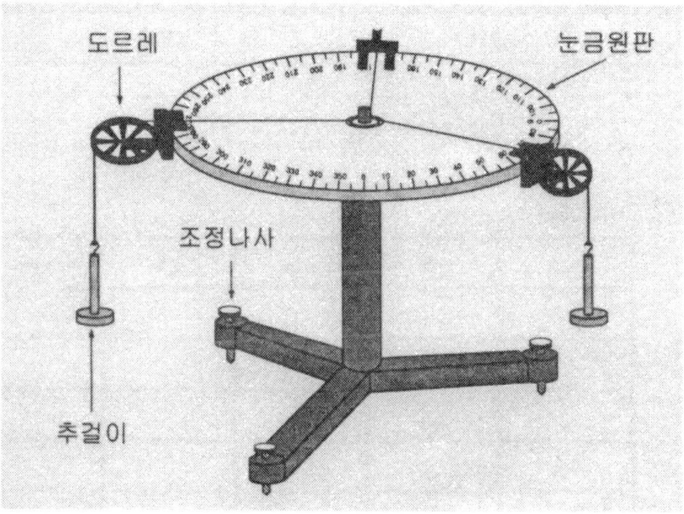

▌그림 6▌ 힘의 합성대

예비 보고서

힘의 평형과 벡터의 합성

학과		학번		이름		실험조	
실험일시		공동실험자					

1. 실험목적

2. 원리요약 (최종 결과식과 측정하는 양들을 중심으로)

3. 실험기구 및 재료

4. 실험방법

결과 보고서

힘의 평형과 벡터의 합성

학과		학번		이름		실험조	
실험일시		공동실험자					
담당조교							
온도		습도		기압			

1. 측정값

	θ_1	m_1	θ_2	m_2	θ_3	m_3
1						
2						
3						
4						
5						
6						
7						
8						
9						
10						

2. 실험 결과

• F_1을 x-축상으로 놓는 경우

	F_1	F_2	F_3	α	β
1					
2					
3					
4					
5					
6					
7					
8					
9					
10					

• x-성분 평형 확인

	F_1	$F_{2x}=F_2\cos\alpha$	$F_{3x}=F_3\cos\alpha$	$F_1+F_{2x}+F_{3x}$
1				
2				
3				
4				
5				
6				
7				
8				
9				
10				

• y-성분 평형 확인

	$F_{2y} = F_2 \sin\alpha$	$F_{3y} = F_3 \sin\alpha$	$F_{2y} + F_{3y}$
1			
2			
3			
4			
5			
6			
7			
8			
9			
10			

3. 질문 및 토의

$\overrightarrow{F_A} + \overrightarrow{F_B} + \overrightarrow{F_C} = 0$ 확인

1) 실험결과와 이론결과를 비교해서 그 결과에 대한 이유를 기술해라.

2) 위 실험에 있어서 결과에 매우 예민하게 작용하는 요인은 무엇이며, 이 요인을 줄일 수 있는 방법을 기술해라.

3) 위의 실험경험이 실제로 적용될 수 있는 예를 들어 보시오.

1-6 단진자의 역학적 에너지 보존

실험목적

단진자를 이용하여 중력장 속에서 운동하는 물체의 위치에너지와 운동에너지의 변화 및 역학적 에너지의 보존을 확인한다.

실험원리

물체가 [그림 1]에서 처럼 처음 위치 A에 정지상태로 지면으로부터 높이 $y+H$ 에 놓여 있다. 이 경우 위치 에너지와 운동에너지는 다음과 같다.

$$U_A = mg(y+H), \quad K_A = 0 \qquad \cdots\cdots (1)$$

이다.

물체는 중력에 의해서 일을 받게 되어 위치 B상태로 도달하였다. 이 경우의 중력이 물체에 한 일은 상태 B 에서의 위치에너지 변화와 운동에너지 변화를 초래한다. 상태 B에서의 위치에너지와 운동에너지는 다음과 같다.

$$U_B = mgH \Rightarrow \Delta U_{BA} = -mgy, \quad K_B = \frac{1}{2}mv^2 = \Delta K_{BA} \qquad \cdots\cdots (2)$$

공기의 저항을 무시하면 위치에너지의 변화가 운동에너지의 변화를 일으켰기 때문에 $mgy = \frac{1}{2}mv^2 \Rightarrow v = \sqrt{2gy}$ 이다.

이 경우 $\Delta K_{BA} = \frac{1}{2}mv^2 = mgy = -\Delta U_{BA}$ $\qquad\cdots\cdots (3)$

$\therefore \ \Delta K_{BA} + \Delta U_{BA} - 0$: 역학적 에너지보존

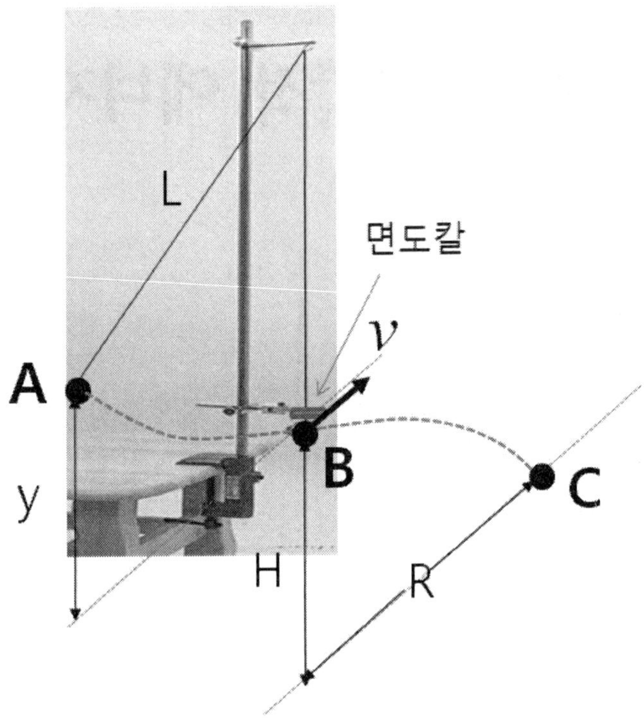

그림 1 단지자운동과 포물선을 이용한 역학적 에너지보존 법칙검증 장치

따라서 역학적 에너지의 보존을 확인할 수가 있다.

위의 식을 실험적으로 확인하기 위해서 상태 B에서의 속력을 구해야 한다. 이것을 수행하기 위해서 포물선 낙하운동하는 상태 B → C과정에서 속력을 구한다.

물체가 면도날에 의해서 줄이 끊어져 지면에 상태 C인 수평거리 R 위치에 떨어졌다. 이 경우 수평방향의 운동은 속도 v를 갖는 등속운동이고 연직방향은 가속도 g를 갖는 등가속도운동이다.

$$R = v\,t \text{ (수평방향의 운동)}, \qquad H = \frac{1}{2}gt^2 \text{ (연직방향의 운동)}$$

이므로 상태 B에서의 초속도를 H와 R의 측정으로 구할 수 있다.

$$v = \sqrt{\frac{R^2 g}{2H}} \qquad \cdots\cdots (4)$$

따라서 상태 A와 상태 B간의 역학적 에너지 보존식은 다음과 같이 기술된다.

$$\triangle K_{BA} = \frac{1}{2}mv^2 = \frac{mgR^2}{4H} \text{ 와 } \quad \triangle U_{BA} = -mgy \quad \cdots\cdots (5)$$

$$\Leftrightarrow \triangle K_{BA} + \triangle U_{BA} = 0$$

이 두 값을 비교함으로써 에너지 보존법칙을 검토할 수 있다.

에너지 보존 법칙을 만족하기 위해서는 식 (3)과 식 (4)로부터, 다음 관계식이 성립함을 통해서도 확인할 수 있다.

$$v = \sqrt{2gy} = \sqrt{\frac{R^2 g}{2H}} \text{ 로부터 } y = \frac{R^2}{4H}$$

실험기구 및 재료

스탠드 : 길이 1200mm, 지지대 고정클램프, 칼날 고정클램프, 추, 면도날

장치와 실험방법

① 진자의 길이를 약 1m로 조정하여 고정대 위에 고정시키고, 한쪽에는 추를 매단다. 고정대 아래에는 면도칼을 고정시키되 추의 약 2cm 이내의 곳이 면도칼에 닿도록 고정시킨다. (추에서 면도날이 닿는 부분까지의 최소의 실 길이를 사용하는 것이 좋다.)

② 추를 적당한 높이까지 위로 올린 다음 놓아 보아 추의 실이 끊겨 추가 떨어지는 위치를 살펴 그 위치에 고무판을 깔고 추가 떨어지는 위치가 표시되게 고무판 위에 먹지와 종이를 올려놓은 다음 움직이지 않도록 압핀으로 고정시킨다.

③ 추를 실에 매달기 전에 추의 무게를 천칭으로 측정한 다음 추를 1m길이의 실에 매달고 높이 H를 자로 측정한다.

④ 실을 팽팽하게 하여 추를 높이(y)만큼 높인 후 놓아준다. 이 때 y를 측정해 둔다.

⑤ 추의 실이 면도날에 끊겨 포물선 운동을 하면서 떨어진다. 그러면 추가 떨어진 위치가 먹지에 의해 표시될 것이다. 이 위치와 추의 연직기준점과의 거리 R를 측정한다. (이 기준점은 연직추를 이용해서 정한다.)

⑥ 이 자료로부터 x 방향속도를 식 (4)로부터 구하여 운동에너지와 위치에너지의 변화를 구한다.

⑦ 위의 과정을 y를 변화시켜서 측정하여 기록한다. 이때 높이 H는 일정하게 하는 것이 좋다.

분석

▶ N번 측정한 데이터 분석

실험값의 평균 : $x_{평균} = \frac{1}{N}\sum_{i=1}^{N} x_i$

표준편차 : $\sigma \equiv \sqrt{\frac{1}{(N-1)}\sum_{i=1}^{N}(x_i - x_{평균})^2}$

표준오차 : $\sigma_m \equiv \frac{\sigma}{\sqrt{N}} = \sqrt{\frac{1}{N(N-1)}\sum_{i=1}^{N}(x_i - x_{평균})^2}$

※ 사용상의 주의 사항

① 칼날 사용시에 특별히 주의를 요한다!!!

② 덮개가 있는 칼날을 설치하고, 실험을 할 경우에만 덮개를 밀어내어 칼날을 사용한다. 그 외에는 칼날의 덮개를 닫아 칼날을 막아둔다!!!

예비 보고서

단진자의 역학적 에너지 보존

학과		학번		이름		실험조	
실험일시		공동실험자					

1. 실험목적

2. 원리요약

3. 실험기구 및 재료

4. 실험방법

결과 보고서

단진자의 역학적 에너지 보존

학과		학번		이름		실험조	
실험일시		공동실험자					
담당조교							
온도		습도		기압			

1. 측정값

진자의 길이 : $L =$ cm, 진자의 질량 : $m =$ kg

	1	2	3	4	5	
y (cm)						
$\triangle U$						
H (cm)						
R (cm)						
$v = \sqrt{\frac{R^2}{2H}g}$						평균
$\triangle K$						
$\triangle K + \triangle U$						
$y = R^2/4H$						

2. 질문 및 토의

1) 실험결과와 이론결과를 비교해서 그 결과에 대한 이유를 기술해라.
2) 위 실험에 있어서 결과에 매우 예민하게 작용하는 요인은 무엇이며, 이 요인을 줄일 수 있는 방법을 기술해라.
3) 위의 실험경험이 실제로 적용될 수 있는 예를 들어 보시오.

1-7

뉴턴의 제2법칙

실험목적

$F=ma$인 뉴턴의 제2법칙을 확인한다. 즉, 힘이 일정할 경우에 관성질량과 가속도와의 관계, 관성질량과 힘과의 관계들을 살펴본다.

실험원리

물체에 작용하는 알짜힘이 영이 아니면 그 물체는 다음과 같은 가속도 운동을 한다.

$$F=\sum_i \overrightarrow{F_i}=ma$$

위의 관계를 뉴턴의 제2법칙이라 부른다. 또한 두 물체에 힘이 작용하면, 서로 간에 작용하는 힘의 방향은 반대방향이고 작용하는 힘의 크기는 같다. 이 현상을 작용과 반작용의 법칙, 내지 뉴턴의 제3법칙이라 부른다.

[그림 1]과 같이 수평레일 위에 자유롭게 움직이는 수레차에 줄을 연결하여 자유낙하 하는 물체와 연결한다. 자유낙하 하는 물체는 도드레를 통해 수레차와 연결된다. 이 경우 자유낙하 하는 물체의 중력에 의해서 수레차와 물체는 등가속도 운동을 한다.

수레차의 나사못이 두 곳에 위치한 포토센서를 지나가는 시간을 읽어 두 위치에서의 수레차의 속력을 계산한다. 운동방정식으로 얻어진 가속도는 뉴턴법칙의 가속도와 같다. 따라서 질량을 바꿔가면서 뉴턴법칙을 확인해본다. 이 경우 수레차와 수평레일과의 마찰력은 무시한다.

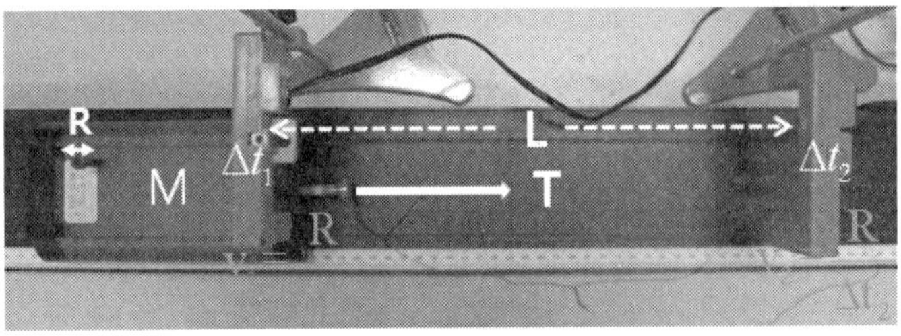

$$2aL = v_2^2 - v_1^2 \quad \Leftrightarrow \quad a_{측정} = \frac{v_2^2 - v_1^2}{2L}$$

$$T = Ma, \qquad W(= mg) - T = ma$$

$$\therefore a_{이론} = \frac{m}{M+m}g, \qquad T = \frac{Mm}{M+m}g$$

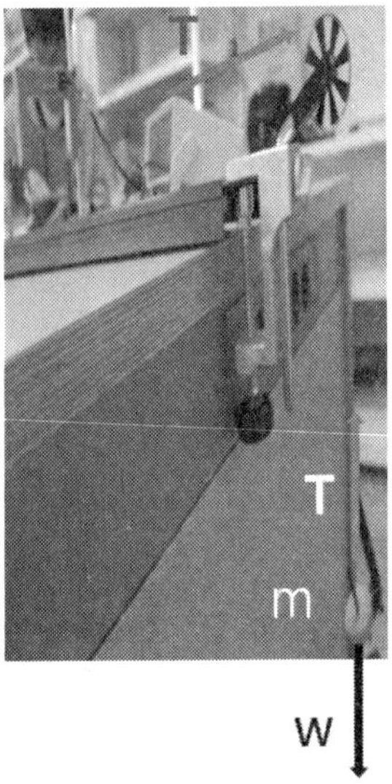

▌그림 1▌ 일정한 중력을 받아 지선운동을 하는 레일 위의 수레장치 및 운동방정식

장치와 방법

실험 1. 물체의 가속도와 외력과의 관계 조사 : $a = \frac{F}{m}$

무게 추의 질량을 변화시키면서 가속도를 측정하여 가속도와 외력의 관계를 조사한다.

실험 2. 물체의 가속도와 질량과의 관계 조사 : $ma = F$

무게 추의 질량을 고정시키고 (F=일정), 수레차의 질량을 변화시키면서 가속도를 측정하여 가속도와 질량과의 관계를 조사한다.

실험기구 및 재료

수평레일, 포토타이머, 버니어캘리퍼스, 수레차, 추걸이, 질량세트, 두르레, 실

실험방법

▶ **실험1. 물체의 가속도와 외력과의 관계 조사 : $a = \frac{F}{m}$**

① 그림(1)과 같이 수평레일을 설치한다. 포토센서 사이의 거리(L)와 수레차의 나사못의 지름(R)을 측정한다.

② 수레차의 무게를 재고, 줄을 사용해서 도르레를 통해 추걸이와 연결한다.

③ 포토타이머의 모드를 펄스모드로 한다. 나사못이 광센서를 지나도록 높이 조절을 한다.

④ 수레차를 정지한 상태에서 추걸이에 질량를 달아 자유낙하시킨다.

⑤ 두 포토타이머의 시간을 측정한다.

⑥ 추걸이의 질량을 바꿔가며 실험 ⑤를 반복한다.

▶ **실험2. 물체의 가속도와 질량과의 관계 조사 : $ma = F$**

① 실험(1)의 장치를 꾸민다.

② 추걸이의 질량을 고정하고, 수레차에 무게를 증가시키면서 실험(1)에서의 ④~⑤를 반복한다.

분석

▶ **N번 측정한 데이터 분석**

실험값의 평균 : $x_{평균} = \frac{1}{N}\sum_{i=1}^{N} x_i$

표준편차 : $\sigma \equiv \sqrt{\frac{1}{(N-1)}\sum_{i=1}^{N}(x_i - x_{평균})^2}$

표준오차 : $\sigma_m \equiv \frac{\sigma}{\sqrt{N}} = \sqrt{\frac{1}{N(N-1)}\sum_{i=1}^{N}(x_i - x_{평균})^2}$

※ 사용상의 주의 사항

예비 보고서

뉴턴의 제2법칙

학과		학번		이름		실험조	
실험일시		공동실험자					

1. 실험목적

2. 원리요약

3. 실험기구 및 재료

4. 실험방법

결과 보고서

뉴턴의 제2법칙

학과		학번		이름		실험조	
실험일시		공동실험자					
담당조교							
온도		습도		기압			

1. 측정값

▶ **실험1. 물체의 가속도와 외력과의 관계 조사 :** $a = \dfrac{F}{m}$

나사못 : $R=$ cm, 이동 거리 : $L=$ cm

추걸리 질량 : $m_0 =$ kg, 수레차 질량 : $M=$ kg, $(m = m_0 + m_{추})$

	무게추	시간 (s)		속력 (cm/s)		가속도 이론 ($\mathrm{cm/s^2}$)	가속도 실험 ($\mathrm{cm/s^2}$)
	$m_{추}$ (kg)	Δt_1	Δt_2	v_1	v_2	$a_{이론} = \dfrac{m}{M+m} g$	$a_{실험} = \dfrac{v_2^2 - v_1^2}{2L}$
1							
2							
3							
4							
5							
6							

▶ **실험2. 물체의 가속도와 질량과의 관계 조사 :** $ma = F$

나사못 : $R=$ cm, 이동 거리 : $L=$ cm

추걸리 질량 : $m=$ kg, 수레차 질량 : $M_0=$ kg,

$(m = m_0 + m_{추})$, $(M = M_0 + m_{추})$

	무게추	시간 (s)		속력 (cm/s)		가속도 이론 (cm/s²)	가속도 실험 (cm/s²)
	$m_{추}$ (kg)	Δt_1	Δt_2	v_1	v_2	$a_{이론} = \frac{m}{M+m}g$	$a_{실험} = \frac{v_2^2 - v_1^2}{2L}$
1							
2							
3							
4							
5							
6							

3. 질문 및 토의

1) 실험결과와 이론결과를 비교해서 그 결과에 대한 이유를 기술해라.

2) 위 실험에 있어서 결과에 매우 예민하게 작용하는 요인은 무엇이며, 이 요인을 줄일 수 있는 방법을 기술해라.

3) 위의 실험경험이 실제로 적용될 수 있는 예를 들어 보시오.

1-8

선운동량의 보존법칙

실험목적

1차원의 다양한 충돌 사건인 폭발, 추돌, 완전비탄성충돌, 탄성충돌 조건들에서 운동량보존법칙을 확인한다.

실험원리

외력이 작용하지 않은 고립계의 경우 가해지는 충격량이 없기 때문에 운동량이 보존된다.

$$F = ma = \frac{d(mv)}{dt} = \frac{dp}{dt} = 0 \quad \Leftrightarrow \quad \Delta p = 0 \quad \cdots\cdots (1)$$

[그림 1]과 같은 1차원의 고립계의 경우 위의 운동량 보존법칙과 에너지보존 법칙을 이용하면 충돌 후의 정보를 예측할 수 있다.

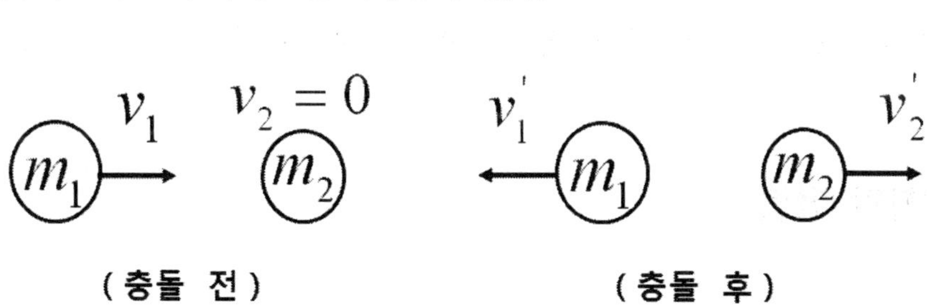

▌그림 1▌ 고립계 내의 두 물체 사이의 탄성충돌 전과 후의 개략도

운동량보존법칙에 따라 충돌 전 운동량과 충돌 후 운동량이 같다.

$$p_{전} = p_1 + p_2 = m_1 v_1 + 0\,, \quad p_{후} = p'_1 + p'_2 = m_1 v_1{}' + m_2 v_2{}' \quad \cdots\cdots\cdots\cdots (2)$$

$$\Delta p = p_{후} - p_{전} = 0, \qquad \Rightarrow \quad m_1 v_1 = m_1 v_1{}' + m_2 v_2{}'$$

에너지 보존법칙에 따라 충돌 전·후의 에너지는 같다.

$$\frac{1}{2} m_1 v_1^2 = \frac{1}{2} m_1 v'^2_1 + \frac{1}{2} m_2 v'^2_2 \quad \cdots\cdots\cdots\cdots (3)$$

식 (2)와 식 (3)을 연립해서 계산하면, 충돌 후의 속력은 다음과 같이 주어진다.

$$v'_1 = \left(\frac{m_1 - m_2}{m_1 + m_2} \right) v_1 \quad \cdots\cdots\cdots\cdots (4)$$

$$v'_2 = \left(\frac{2 m_1}{m_1 + m_2} \right) v_1$$

▶ 완전비탄성 충돌의 경우는 충돌 후에 두 질량이 하나의 물체로 합쳐져서 운동하는 경우이다. 이 경우 운동량보존법칙을 적용하면 다음과 같다.

$$m_1 v_1 = (m_1 + m_2) v_f \quad \Rightarrow \quad v_f = \frac{m_1}{m_1 + m_2} v_1 \quad \cdots\cdots\cdots\cdots (5)$$

비탄성충돌의 경우 운동에너지보존에 대해서 조사해보시오. 운동에너지 보존이 성립하지 않는다면 에너지는 어디에 쓰여 졌는지 생각해보시오.

장치와 방법

[그림 2]와 같은 장치를 설치하여 충돌의 여러 가지 형태에 대해서 운동량보존법칙을 살펴볼 것이다.

첫 번째로 정지한 물체가 폭발하여 두 물체로 분리되어 운동량을 갖는 경우 폭발 전·후의 운동량 비교, 두 번째로 한 물체가 벽을 향해 충돌하는 경우 충돌 전·후의 운동량 비교, 세 번째로 완전비탄성 충돌의 경우 충돌 전·후의 운동량 비교, 네 번째로 정지한 물체와의 탄성 충돌의 경우 충돌 전·후의 운동량을 비교한다.

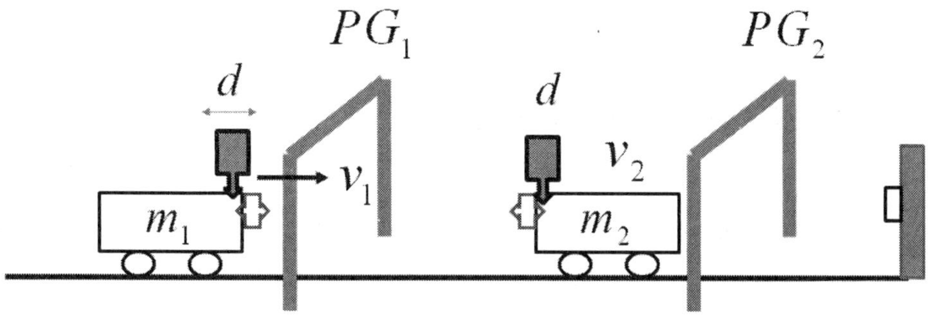

▍그림 2▍ 수평 직선레일위의 포토게이트(PG)를 이용한 1차원 수레 충돌 실험장치

실험기구 및 재료

수평레일, 수레 2개, 포토게이트 2개, 포토타이머, 버니어캘리퍼스,

실험방법

▶ 두 물체로 폭발하는 경우의 운동량보존 확인

① [그림 2]와 같이 수평직선레일을 평평하게 설치한다. (두 수레의 질량 측정 : m_1, m_2)

② 두 수레를 스프링과 결합시켜 포토게이트 사이에 위치시킨다. (수레의 나사지름 측정 : d)

③ 수레 한쪽에 위치한 폭발 버튼을 눌러 두 물체를 폭발시켜 게이트 모드로 각 포토게이트를 지나는 시간 (t_1, t_2)을 측정한다. (주의: 같은 시간에 포토게이트의 시간이 측정되도록 설치를 하여야 한다.)

④ 폭발 후의 두 물체의 속력을 계산하여 충돌 전·후의 운동량의 변화가 영이 되는지 확인한다.

⑤ 위의 실험을 5회 이상 반복한다.

▶ 벽과의 탄성충돌 경우의 운동량보존 확인

① [그림 2]와 같이 수평직선레일을 평평하게 설치한다. (수레의 질량 측정 : m_1)

② 수레의 충돌면의 자석과 충돌 벽에 설치된 자석이 같은 극이 되도록 설치한다. (수레의 나사지름 측정 : d)

③ 포토게이트를 통해 충돌 전·후의 속력을 측정하기 위해서 포토게이트를 충돌 벽으로부터 수레 길이 이상의 위치에 놓는다. 게이트 모드로 충돌 전·후의 시간 (t_1, t_2)을 측정한다.

④ 수레를 벽 쪽으로 밀어 실험을 실시한다.

⑤ 위의 실험을 5회 이상 반복한다.

⑥ 질량과 나사지름이 같기 때문에 충돌 전·후의 두 시간을 비교함으로써 운동량보존을 확인할 수 있다.

▶ 완전비탄성충돌 경우의 운동량보존 확인

① [그림 2]와 같이 수평직선레일을 평평하게 설치한다. (두 수레의 질량 측정 : m_1, m_2)

② 수레1과 수레2가 충돌 후에는 두 수레차가 붙도록 찍찍이를 붙인다. (수레의 나사지름 측정 : d)

③ 수레2를 포토게이트 사이에 위치시키고, 포토게이트 밖에서 수레1을 살짝 밀어 충돌시킨다. 충돌 전에 수레1의 속력을 측정하고, 충돌 후에 합치된 수레의 속력을 구한다. (t_1, t_2)을 측정한다.

④ 충돌 전의 운동량과 충돌 후에 합쳐진 수레의 운동량을 비교하여 보존됨을 확인한다.

⑤ 위의 실험을 5회 이상 반복한다.

▶ 정지한 물체와의 탄성충돌 경우의 운동량보존 확인

① [그림 2]와 같이 수평직선레일을 평평하게 설치한다. (두 수레의 질량 측정 : m_1, m_2)

② 수레2를 두 포토게이트 사이에 위치시킨다. (수레의 나사지름 측정 : d)

③ 충돌 후에 두 수레차가 분리되도록 충돌면에 같은 자석의 극이 마주보도록 한다.

④ 포토게이트 밖에서 수레1을 살짝 밀어 충돌시킨다. 충돌 후의 수레2가 지나는 시간을 측정하여 속력을 계산한다. (t_1, t_2) 충돌 후에 수레1은 멈춘다.

⑤ 충돌 전의 운동량과 충돌 후의 운동량을 비교하여 보존됨을 확인한다.

⑥ 위의 실험을 5회 이상 반복한다.

분석

▶ N번 측정한 데이터 분석

실험값의 평균 : $x_{평균} = \frac{1}{N}\sum_{i=1}^{N} x_i$

표준편차 : $\sigma \equiv \sqrt{\frac{1}{(N-1)}\sum_{i=1}^{N}(x_i - x_{평균})^2}$

표준오차 : $\sigma_m \equiv \frac{\sigma}{\sqrt{N}} = \sqrt{\frac{1}{N(N-1)}\sum_{i=1}^{N}(x_i - x_{평균})^2}$

* 사용상의 주의 사항

예비 보고서

선운동량의 보존법칙

학과		학번		이름		실험조	
실험일시		공동실험자					

1. 실험목적

2. 원리요약

3. 실험기구 및 재료

결과 보고서

선운동량의 보존법칙

학과		학번		이름		실험조	
실험일시		공동실험자					
담당조교							
온도		습도		기압			

1. 측정값

▶ 두 물체로 폭발하는 경우의 운동량보존 확인

수레1의 질량 : $m_1 =$ kg, 수레2의 질량 : $m_2 =$ kg,

나사못의 지름 : $d=$ cm

회수	계의 운동량 (폭발 전)	수레1			수레2			계의 운동량 (폭발 후)
		시간	속력	운동량	시간	속력	운동량	
	kg m/s	$t_1(s)$	v_1 (m/s)	p_1	$t_2(s)$	v_2 (m/s)	p_2	p_1+p_2 [kg m/s]
1	0							
2	0							
3	0							
4	0							
5	0							

▶ **벽과의 탄성충돌 경우의 운동량보존 확인**

수레1의 질량 : m_1 = kg, 나사못의 지름 : d= cm

회수	수레1(충돌 전)			수레1(충돌 후)		
	시간	속력	운동량	시간	속력	운동량
	$t_1(s)$	v_1 (m/s)	p_1	$t'_1(s)$	v'_1 (m/s)	p'_1
1						
2						
3						
4						
5						

▶ **완전비탄성충돌 경우의 운동량보존 확인**

수레1의 질량: m_1 = kg, 수레2의 질량: m_2 = kg,

나사못의 지름: d= cm

회수	수레1**(충돌 전)**			수레(1+2)**(충돌 후)**		
	시간	속력	운동량	시간	속력	운동량
	$t_1(s)$	v_1 (m/s)	p_1	$t_2(s)$	v_2 (m/s)	p_2
1						
2						
3						
4						
5						

▶ **정지한 물체와의 탄성충돌 경우의 운동량보존 확인**

수레1의 질량: $m_1 =$ kg, 수레2의 질량: $m_2 =$ kg,

나사못의 지름: $d=$ cm

회수	계의 운동량 (충돌 전)	수레1 ($p_2 = 0$)			수레2 ($p_1 = 0$)			계의 운동량 (충돌 후)
		시간	속력	운동량	시간	속력	운동량	
	$p_1 + p_2$ [kg m/s]	$t_1 (s)$	v_1 (m/s)	p_1	$t'_2 (s)$	v'_2 (m/s)	p'_2	$p'_1 + p'_2$ [kg m/s]
1								
2								
3								
4								
5								

3. 질문 및 토의

1) 실험결과와 이론결과를 비교해서 그 결과에 대한 이유를 기술해라.

2) 위 실험에 있어서 결과에 매우 예민하게 작용하는 요인은 무엇이며, 이 요인을 줄일 수 있는 방법을 기술해라.

3) 위의 실험경험이 실제로 적용될 수 있는 예를 들어 보시오.

4) 비탄성충돌의 경우 운동에너지보존에 대해서 조사해보시오. 운동에너지 보존이 성립하지 않는다면 에너지는 어디에 쓰여 졌는지 생각해보시오.

1-9 탄동진자를 이용한 고속력 측정

실험목적

두 물체의 완전탄성충돌계에서 운동량보존법칙을 이용해서 고속물체의 속력을 구해본다.

실험원리

[그림 1]과 같이 질량 m인 탄환이 속력 v를 가지고 질량 M인 물체와 충돌하여 하나가 되어 수직높이 h 만큼 올라갔다. 질량 M인 막대의 질량중심과 회전축과의 길이는 L이다. 여기서 회전 운동에너지는 무시한다.

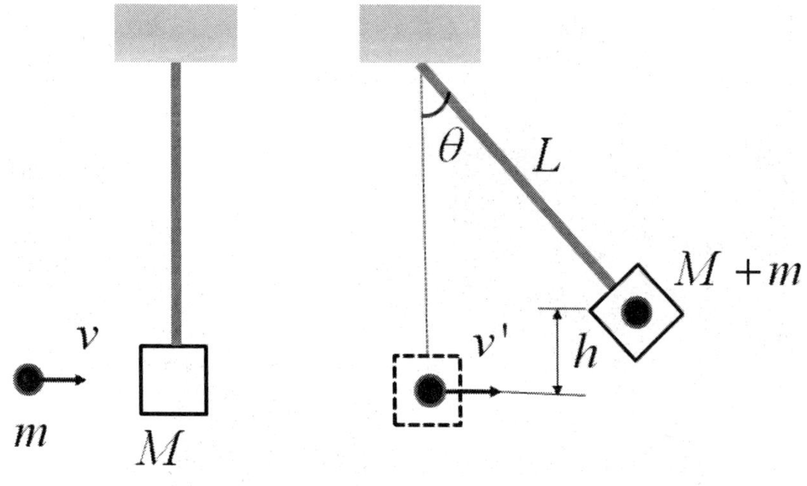

▌그림 1▌ 탄동진자의 완전탄성충돌 계

이 계에 운동량 보존의 법칙과 에너지 보존법칙을 적용하면 다음과 같이 탄환의 속도가 주어진다.

$$mv = (m+M)v' \quad \Rightarrow v' = \frac{mv}{(m+M)} \quad \text{: 운동량보존법칙}$$

$$\frac{1}{2}(m+M)v'^2 = (m+M)gh \Rightarrow \frac{1}{2}\frac{mv^2}{(m+M)} = (m+M)gh \quad \text{: 에너지보존법칙}$$

$$\therefore \; v = \frac{(m+M)}{m}\sqrt{2gh} = \frac{(m+M)}{m}\sqrt{2gL(1-\cos\theta)}$$

따라서 각 θ를 측정하면 탄환의 속력은 구해진다.

장치와 방법

그림과 같은 장치에서 탄환이 발사되면 회전 막대가 최대 높이에 해당하는 각은 표시된 각도기의 눈금을 읽음으로 측정될 수 있다.

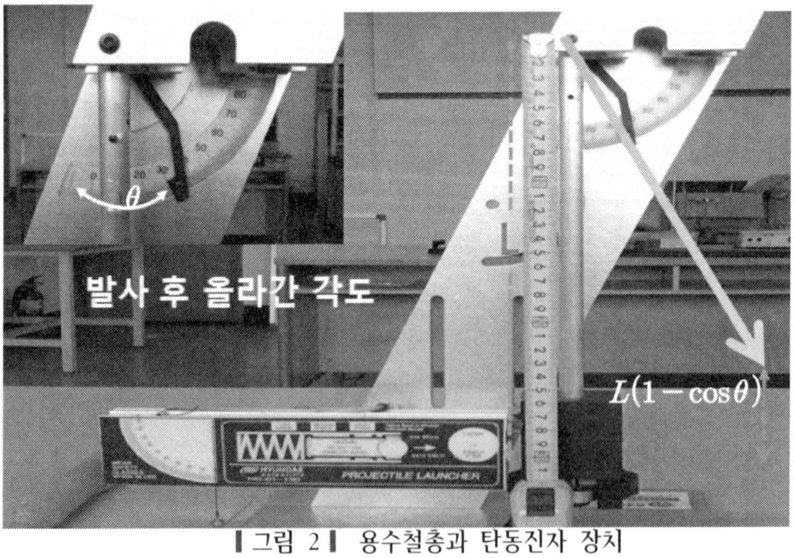

▌그림 2▌ 용수철총과 탄동진자 장치

실험기구 및 재료

수평레일, 포토타이머, 버니어캘리퍼스, 수레차, 추걸이, 질량센트, 두르레, 실

실험방법

① 그림(2)과 같이 용수철 탄환총을 설치한다. 회전막대의 질량중심길이를 회전축으로부터 측정하고, 탄환의 질량도 측정한다.

② 탄환을 장전시키고 총구에 가까이 추를 놓고 발사한다.

③ 최대높이에서 가르키는 각도를 읽는다.

④ 위의 실험을 반복시행한다.

분석

▶ N번 측정한 데이터 분석

실험값의 평균 : $x_{평균} = \dfrac{1}{N}\sum_{i=1}^{N} x_i$

표준편차 : $\sigma \equiv \sqrt{\dfrac{1}{(N-1)}\sum_{i=1}^{N}(x_i - x_{평균})^2}$

표준오차 : $\sigma_m \equiv \dfrac{\sigma}{\sqrt{N}} = \sqrt{\dfrac{1}{N(N-1)}\sum_{i=1}^{N}(x_i - x_{평균})^2}$

※ 사용상의 주의 사항

예비 보고서

탄동진자를 이용한 고속력 측정

학과		학번		이름		실험조	
실험일시		공동실험자					

1. 실험목적

2. 원리요약

3. 실험기구 및 재료

4. 실험방법

결과 보고서

탄동진자를 이용한 고속력 측정

학과		학번		이름		실험조	
실험일시		공동실험자					
담당조교							
온도		습도		기압			

1. 측정값

▶ 탄동진자의 속력 측정

탄동진자 질량 : $M=$ kg, 탄환의 질량 : $m=$ kg,

탄동진자 길이 : $L=$ cm

	진자의 각도	진자의 높이 (cm)	탄환의 속력 (cm/s)
	$\theta(^o)$	$h=L(1-\cos\theta)$	$v=\dfrac{(m+M)}{m}\sqrt{2gL(1-\cos\theta)}$
1			
2			
3			
4			
5			
6			
		평 균	
		표준편차	

3. 질문 및 토의

1) 실험결과와 이론결과를 비교해서 그 결과에 대한 이유를 기술해라.

2) 위 실험에 있어서 결과에 매우 예민하게 작용하는 요인은 무엇이며, 이 요인을 줄일 수 있는 방법을 기술해라.

3) 위의 실험경험이 실제로 적용될 수 있는 예를 들어 보시오.

1-10

회전 관성모멘트 측정

실험목적

회전축에 대한 관성모멘트를 실험적으로 측정하여 이론적 계산과 비교하고, 관성모멘트의 평행축 정리를 확인해 본다.

실험원리

강체가 어떤 회전축을 중심으로 회전할 때의 관성모멘트를 I라고 하면 이 때의 회전운동에너지는 다음과 같다.

$$\text{회전운동에너지} = \frac{1}{2} I\omega^2 \quad \cdots\cdots (1)$$

여기서 ω 는 각속도이다. 관성모멘트는 회전관성, 회전질량으로 다음과 같이 표현된다.

$$I \equiv \sum_i m_i r_i^2 = \int r^2\, dm$$

여기서 r 은 회전축으로부터 물체 dm 의 거리이다.

[그림 1]에서와 같이 원판형 모양들에 대하여 회전축 O에 대한 관성모멘트 $I_{원판}$를 먼저 계산한다. 그 다음에 관성모멘트를 계산하고자 하는 물체를 회전원판 위에 올려놓고 관성모멘트 $I_{원판+물체}$를 다시 측정하여 원판모양의 관성모멘트를 빼내면 물체만의 관성모멘트 $I_{물체}$ 를 얻을 수 있다.

$$I_{물체} = I_{원판+물체} - I_{원판} \quad \cdots\cdots (2)$$

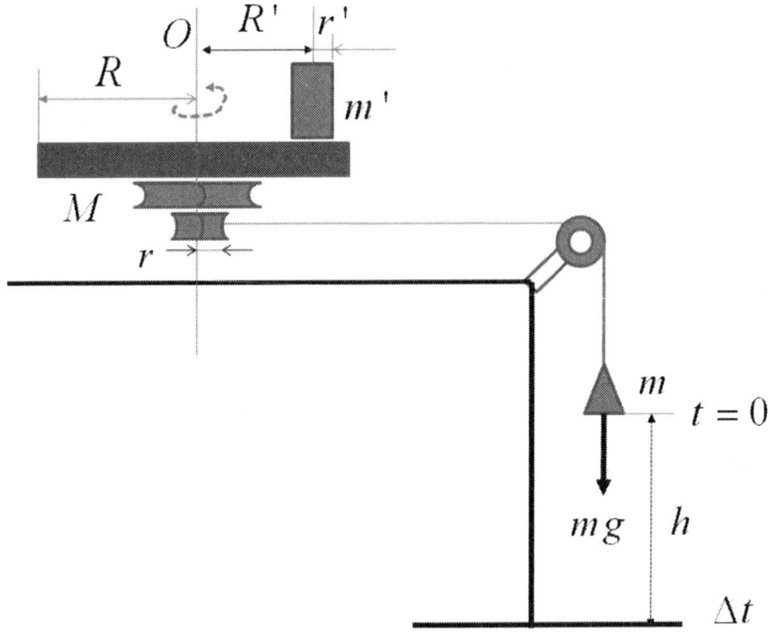

▌그림 1▌ 고정축에 대한 회전 관성모멘트 측정 장치

먼저 $I_{원판}$를 에너지 보존법칙을 이용해서 구해보자.

질량 m인 물체가 높이 h에서 자유낙하운동하여 시간 Δt가 지나서 지면에 떨어졌다. 이 경우 물체의 위치에너지가 물체의 운동에너지와 원판을 돌리는 회전운동에너지로 쓰여진다.

$$mgh = \frac{1}{2}mv^2 + \frac{1}{2}I_{원판}\omega^2 \quad \cdots\cdots (3)$$

지면에 떨어지는 속력은 다음과 같이 계산된다.

$$h = \frac{1}{2}a(\Delta t)^2 \text{ 과 } v = a\Delta t \Rightarrow v = \frac{2h}{\Delta t} \text{ 그리고 } v = r\omega \quad \cdots\cdots (4)$$

식 (4)을 식 (3)에 대입하여 정리하면 다음과 같은 관계식이 유도된다.

$$I_{원판} = mr^2\left(\frac{g(\Delta t)^2}{2h} - 1\right) \quad \cdots\cdots (5)$$

여기서 r 은 회전판 아래의 레일의 반경이다. 여기서 도르래의 관성모멘트를 무시한다.

미지 물체의 관성모멘트를 측정하기 위해서 회전원판 위에 측정하고자 하는 물체를 올려놓는다. 높이 h 에서 떨어지는 시간을 측정함으로써 위의 계산과 같이 회전판과 물체로 이루어진 관성모멘트는 식 (5)와 같이 주어진다.

$$I_{\text{원판+물체}} = mr^2\left(\frac{g\,(\Delta t)^2}{2h} - 1\right) \quad \cdots\cdots (6)$$

따라서 물체의 관성모멘트는 식 (2)로부터 주어진다.

◎ 관성모멘트의 평행축의 정리

임의의 회전축이 질량 M 인 물체의 질량중심을 통과하는 경우, 그 물체의 관성모멘트를 I_{CM} 이라 하자.

회전축이 질량중심에서 d 만큼 떨어진 위치에 놓이는 경우의 물체의 관성모멘트는 평행축 정리에 의해서 다음과 같이 주어진다.

$$I_{\text{물체}} = I_{CM} + Md^2 \quad \cdots\cdots (7)$$

장치와 방법

[그림 1]과 같이 장치를 꾸민다. 이미 알고 있는 관성모멘트의 물체를 올려놓고 관성모멘트를 측정하여 비교해본다. 또 물체의 위치를 옮기면서 관성모멘트의 평행축 정리를 확인해 본다.

실험기구 및 재료

회전원판 장치, 물체의 시료, 저울, 시계, 자, 줄, 추걸이, 도르래, 버니어캘리퍼스

실험방법

▶ 회전원판의 관성모멘트 측정

① [그림 1]과 같이 실험장치를 꾸민다. 회전레일의 반경 r을 측정한다.

② 추에 질량 m을 걸어 높이 h에서 떨어뜨리면서 지면에 도달하는 시간 Δt 를 측정한다.

③ 실험 ②를 10회 반복하여 회전원판의 평균 관성모멘트를 계산한다.

(주의) 지면에 추걸이가 떨어지는 경우 지면에 부딪쳐 깨어지는 것을 방지한다.

▶ 회전원판과 위에 놓여진 물체의 관성모멘트 측정

① [그림 1]과 같이 실험장치를 꾸민다. 회전레일의 반경 r을 측정한다.

② 추에 질량 m을 걸어 높이 h에서 떨어뜨리면서 지면에 도달하는 시간 Δt 를 측정한다.

③ 회전판의 회전축으로부터 물체가 떨어진 거리를 측정한다.

④ 실험 ②를 10회 반복하여 회전원판과 물체의 평균 관성모멘트를 계산한다.

⑤ 이론값과 측정값을 비교해 보고, 평행축 정리를 확인해 본다.

(주의) 회전판이 회전하는 동안 회전판 위에 놓여진 물체가 움직이지 않도록 적당한 추의 무게를 사용해야 한다.

분석

관성모멘트 실험장치에서 고려되어야 할 것이 무엇인지 살펴보시오.

▶ N번 측정한 데이터 분석

실험값의 평균 : $x_{평균} = \frac{1}{N}\sum_{i=1}^{N} x_i$

표준편차 : $\sigma \equiv \sqrt{\frac{1}{(N-1)}\sum_{i=1}^{N}(x_i - x_{평균})^2}$

표준오차 : $\sigma_m \equiv \frac{\sigma}{\sqrt{N}} = \sqrt{\frac{1}{N(N-1)}\sum_{i=1}^{N}(x_i - x_{평균})^2}$

※ 사용상의 주의 사항

예비 보고서

회전 관성모멘트 측정

학과		학번		이름		실험조	
실험일시		공동실험자					

1. 실험목적

2. 원리요약

3. 실험기구 및 재료

4. 실험방법

결과 보고서

회전 관성모멘트 측정

학과		학번		이름		실험조	
실험일시		공동실험자					
담당조교							
온도		습도		기압			

1. 측정값

▶ 회전원판의 관성모멘트 측정

회전 레일 반경: $r=$ cm, 회전판 무게: $m=$ kg

$h=$ cm	$\Delta t\,(s)$	$I_{원판}\,(\mathrm{kg\,m^2})$
1		
2		
3		
4		
5		
6		
7		
8		
9		
10		
평균		

▶ 회전원판과 위에 놓여진 물체의 관성모멘트 측정

회전 레일 반경 : $r=$ cm, 물체의 무게 : $M=$ kg

$h=$ cm $m=$ kg $R'=$ cm	$\Delta t\,(s)$	$I_{CM}\,(\mathrm{kg\,m^2})$	$I_{원판+물체}\,(\mathrm{kg\,m^2})$	$I_{물체}\,(\mathrm{kg\,m^2})$
1				
2				
3				
4				
5				
6				
7				
8				
9				
10				
평균				

$$I_{원판} = mr^2\left(\frac{g(\Delta t)^2}{2h} - 1\right)$$

$$I_{원판+물체} = mr^2\left(\frac{g(\Delta t)^2}{2h} - 1\right)$$

$$I_{물체} = I_{CM} + MR'^2$$

회전 레일 반경 : $r=$ cm, 물체의 무게 : $M=$ kg

$h=$ cm $m=$ kg $R'=$ cm	$\Delta t\,(s)$	$I_{CM}\,(\mathrm{kg\,m^2})$	$I_{원판+물체}\,(\mathrm{kg\,m^2})$	$I_{물체}\,(\mathrm{kg\,m^2})$
1				
2				
3				
4				
5				
6				
7				
8				
9				
10				
평균				

3. 질문 및 토의

1) 실험결과와 이론결과를 비교해서 그 결과에 대한 이유를 기술해라.

2) 위 실험에 있어서 결과에 매우 예민하게 작용하는 요인은 무엇이며, 이 요인을 줄일 수 있는 방법을 기술해라.

3) 위의 실험경험이 실제로 적용될 수 있는 예를 들어 보시오.

1-11

단진자의 조화 진동운동

실험목적

어떤 균형점으로 물체가 되돌아가려는 현상은 물체의 주기운동으로 나타난다. 힘이 변위에 비례하는 힘을 받게 되면 단순조화운동을 하게 된다. 이 실험에서는 진자의 진동의 주기를 측정하여 단순조화운동을 이해한다.

실험원리

단순조화운동은 운동의 방향에 따라 가해진 힘이 훅의 법칙을 만족하는 경우에만 발생하는 현상으로, 이 힘은 평형점으로부터의 변위에 비례하고 힘의 방향은 항상 평형점을 향한다.

따라서 단순조화운동방정식은 다음과 같이 기술된다.

$$F = -kx = m\frac{d^2x}{dt^2}$$

$$\Leftrightarrow \frac{d^2x}{dt^2} + \left(\sqrt{\frac{k}{m}}\right)^2 x \equiv \frac{d^2x}{dt^2} + \omega^2 x = 0 \quad \cdots\cdots (1)$$

$$x(t) = A\sin(\omega t) \quad \text{여기서} \quad \omega = \sqrt{\frac{k}{m}}$$

이 경우 변위는 일정한 각속력으로 회전하는 물체의 그림자와 같은 단순조화운동처럼 앞뒤로 움직인다. 따라서 단순조화운동이 되려면 운동방정식이 수식 (1)처럼 기술되어져야 한다.

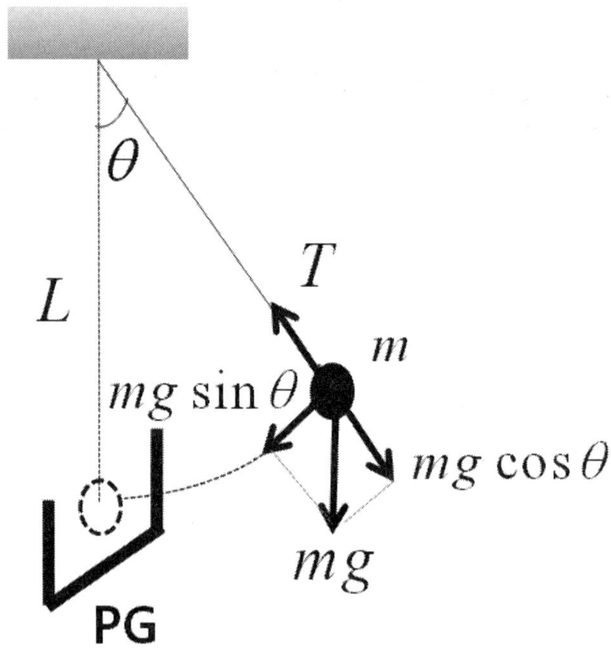

▌그림 1▐ 단진자의 조화운동

[그림 1]과 같이 줄길이 L에 질량 m이 매달려 진자운동을 하는 경우 운동을 기술해보자.

진자의 경우는 중력에 의해서 최저점(포텐셜에너지가 최소인 점)인 평형점으로 돌아가려는 복원력이 생긴다. 복원력의 방향은 진자의 원운동에 접선방향(s)으로 평형점을 향한다.

$$F_{복원력} = -mg\sin\theta = m\frac{d^2s}{dt^2} \quad \cdots\cdots (2)$$

진자의 복원력이 단순조화운동을 하려면 $mg\sin\theta \Rightarrow mg\theta$ 와 $s = L\theta$ 를 만족해야 한다.

이 경우 단진자 운동은 다음과 같이 조화단진운동방정식으로 된다.

$$-mg\theta = mL\frac{d^2\theta}{dt^2} \quad \Leftrightarrow \quad \frac{d^2\theta}{dt^2} + \frac{g}{L}\theta = 0 \quad 여기서 \quad \omega = \sqrt{\frac{g}{L}}$$

이 미분방정식의 해는 다음과 같이 주어진다.

$$\theta(t) = \theta_{max}\cos(\omega t + \phi) \qquad \text{여기서} \quad T = \frac{2\pi}{\omega} = \frac{1}{f} = 2\pi\sqrt{\frac{g}{L}} \quad \cdots\cdots\cdots\cdot (3)$$

단순조화운동의 주기(T), 진동수 (f) , 각진동수 (ω) 를 나타낸다.

결론적으로 진자운동이 단순조화운동을 하려면 매우 작은 각변화운동을 하여야 하는데, 그에 대한 범위에 대해서 조사해본다.

장치와 방법

[그림 1]과 같이 설치한다. 이 경우 진자의 높이가 h 라 하면, 이 경우 진자의 변위각은 다음과 같이 주어진다.

$$L(1-\cos\theta) = h \qquad \Leftrightarrow \qquad \cos\theta = 1 - \frac{h}{L}$$

높이에 따른 진자의 주기($T_{측정}$)를 측정하여 조화단진동의 주기와 비교하여 조화단진동운동의 범위를 살펴본다.

실험기구 및 재료

포토게이트와 포토타이머, 진자, 줄, 자

실험방법

① [그림 1]과 같이 진자의 운동 장치를 꾸민다. 줄의 길이를 측정한다.

② 포토타이머의 모드를 'Pend' 모드로 바꾼다.

③ 진자 줄이 팽팽한 상태로 높은 곳에 올리고 높이를 측정한 다음, 자유낙하운동으로 떨어뜨려 반복되는 주기를 측정한다.

④ 타이머에 연속되는 왕복주기가 타이머에 기록되는 것을 읽는다. (기록 순서에도 주의)

⑤ 진자의 질량을 바꾸어서 실험 ③~④를 반복 시행한다.

⑥ 본 실험에서 어떤 물리적인 현상을 조사해야 할지를 잘 고려해보길 바란다.

분석

단순조화 운동의 제한조건과 타이머에 기록된 주기를 왕복 순서에 따라 어떻게 변해야 하는지를 고려해 보시오.

▶ N번 측정한 데이터 분석

실험값의 평균 : $x_{평균} = \frac{1}{N}\sum_{i=1}^{N} x_i$

표준편차 : $\sigma \equiv \sqrt{\frac{1}{(N-1)}\sum_{i=1}^{N}(x_i - x_{평균})^2}$

표준오차 : $\sigma_m \equiv \frac{\sigma}{\sqrt{N}} = \sqrt{\frac{1}{N(N-1)}\sum_{i=1}^{N}(x_i - x_{평균})^2}$

※ 사용상의 주의 사항

예비 보고서

단진자의 조화 진동운동

학과		학번		이름		실험조	
실험일시		공동실험자					

1. 실험목적

2. 원리요약

3. 실험기구 및 재료

4. 실험방법

결과 보고서

단진자의 조화 진동운동

학과		학번		이름		실험조	
실험일시		공동실험자					
담당조교							
온도		습도		기압			

1. 측정값

진자의 길이 : $L=$ cm, 진자의 질량 : $m=$ kg

진자 높이 : $h=$ cm	진자 높이 : $h=$ cm	진자 높이 : $h=$ cm	진자 높이 : $h=$ cm	진자 높이 : $h=$ cm
주기 (s)	주기 (s)	주기 (s)	주기 (s)	주기 (s)
평균	평균	평균	평균	평균

$T=\sqrt{\frac{g}{L}} \Leftrightarrow T_{측정}$

진자의 길이 : $L=$ cm, 진자의 질량 : $m=$ kg

진자 높이 : $h=$ cm	진자 높이 : $h=$ cm	진자 높이 : $h=$ cm	진자 높이 : $h=$ cm	진자 높이 : $h=$ cm
주기 (s)	주기 (s)	주기 (s)	주기 (s)	주기 (s)
평균	평균	평균	평균	평균

3. 질문 및 토의

1) 실험결과와 이론결과를 비교해서 그 결과에 대한 이유를 기술해라.

2) 위 실험에 있어서 결과에 매우 예민하게 작용하는 요인은 무엇이며, 이 요인을 줄일 수 있는 방법을 기술해라.

3) 위의 실험경험이 실제로 적용될 수 있는 예를 들어 보시오.

1-12

Joule 열량계(열의 일당량 측정)

실험목적

전기적인 일의 총량이 전부 열로 변환될 때 열에너지는 수행된 일의 총량과 같다. 전기에너지와 전류의 열작용으로 발생된 열량을 측정하여 열의 일당량을 측정한다. 전기적인 일과 열에너지 사이의 등가성을 이해하고 열의 일당량을 측정한다.

실험원리

역학적 에너지는 열에너지로, 열에너지는 역학적 에너지로 변화시킬 수 있다. 이 때, 1 kcal가 일 몇 joule에 해당하는가를 열의 일당량이라 한다. 따라서, 일 W와 열량 Q 사이에는

$$W = JQ \quad \cdots\cdots (1)$$

의 관계가 성립하며J는 열의 일당량이다.

한편, 저항 R의 저항선에 전류 i가 t초 동안 흐르면 열을 발생시키는 데 사용된 전기에너지는

$$W = i^2 Rt + Vit \quad \cdots\cdots (2)$$

이다. 전기에너지에 의해 발생된 열은 열량계 속의 물과 용기의 온도를 T_2에서 T_1로 상승시키며, 이 열량 Q는

$$Q = C(m+M)(T_2 - T_1) \quad \cdots\cdots (3)$$

이다. 여기서 m은 물의 질량, M은 용기, 교반기 및 온도계 등의 전체 물당량, 그리고 C는 물의 비열로서 1 cal/g · ℃로 한다. 물당량은 물과 비열이 다른 물질의 비열을 물과 같다고 할 때 물의 질량 얼마에 해당하는가를 뜻한다.

위의 식 (1), (2)와 (3)으로부터 열의 일당량은

$$J = \frac{Vit}{C(m+M)(T_2 - T_1)}[\mathrm{J/cal}] \qquad \cdots\cdots (4)$$

$$= \frac{Vit}{C(m+M)(T_2 - T_1)} \times 10^7[\mathrm{erg/cal}]$$

가 된다.

실험기구 및 재료

용기 : 2중 스테인레스 스틸 Φ88 × 98mm

- 뚜껑 : 투명플라스틱제 (단자부착)
- 크기 : 98 × (H)106mm
- 발열체 : (heating resistor ,10Ω /5W) MAX 10V, 온도 90℃에서 보호회로 작동 MAX 90℃유지
- 유리온도계 : 유리온도계 -30~110℃
- 교반기 : 스테인레스 스틸
- 메스실린더 :250cc
- DC Power Supply 30V,6A (HD-05-022)
- Digital Stopwatch (HD-01-015)

장치와 실험방법

실험은 열량계의 물당량 측정과 열의 일당량 측정의 두 단계로 나누어서 한다.

1) 열량계의 물당량 측정

① 열량계에 메스실린더를 이용하여 상온의 물 150cc(m_1)를 붓고 열평형 상태(열량계와 물의 열평형)에서 온도(T_1)를 측정 기록해 놓는다.

② 전열기(전기주전자)로 물을 가열한 다음 물의 온도가 약 50℃를 상회하면 물 150cc(m_2)를 메스실린더에 붓고 온도계로 저어가며 온도가 50℃(T_2)가 되면 그의 온도를 측정 기록한다.

③ 온도가 변하기전에 재빨리 ②의 물 150cc를 열량계에 붓고 뚜껑을 닫은 다음 교반기로 저어 전체가 일정한 평형상태가 되었을 때의 온도 T_3 측정 기록한다.

$C(m_2+M)(T_2-T_3)=Cm_1(T_3-T_1)$ 온도 T_1의 물 m_1 g 을 열량계에 부었을 때, 열량계가 방출한 열량은 m_1이 흡입한 열량과 같다. 따라서

$C(m_2+M)(T_2-T_1)=C(m_1+M)(T_3-T_1)$ 이다.

❙ 열량계 ❙

따라서 열량계의 물당량은

$$M = \frac{m_1(T_3 - T_1) - m_2(T_2 - T_1)}{(T_2 - T_3)}$$ 이다.

④ 열량계의 물을 모두 버린다.

2) 열의 일당량 측정

① 전원이 차단되어 있는가를 확인하고 아래 그림과 같이 회로를 꾸민다. 전원공급장치는 완전히 시계반대방향으로 돌려 0 volt가 되게 한다.

② 메스실린더로 수도물 200cc(m)를 재어 열량계에 붓고 뚜껑을 닫는다.

③ 회로를 다시 검토하고 전원을 넣는다. 그 다음 전원공급장치의 손잡이를 시계방향으로 돌려가면서 전류계의 눈금이 1A가 될 때까지 돌린 다음 전원을 끊는다.

④ 3분 정도 지난 후 열량계의 물의 온도 θ 1을 측정 기록한다. 다음, 전원을 넣고 동시에 초시계를 누른다. 또, 그때의 전류와 전압을 기록한다.

⑤ 전류계를 계속 관찰하면서 전류가 변하면 전원공급장치의 손잡이를 돌려가며 전류를 일정하게 한다.

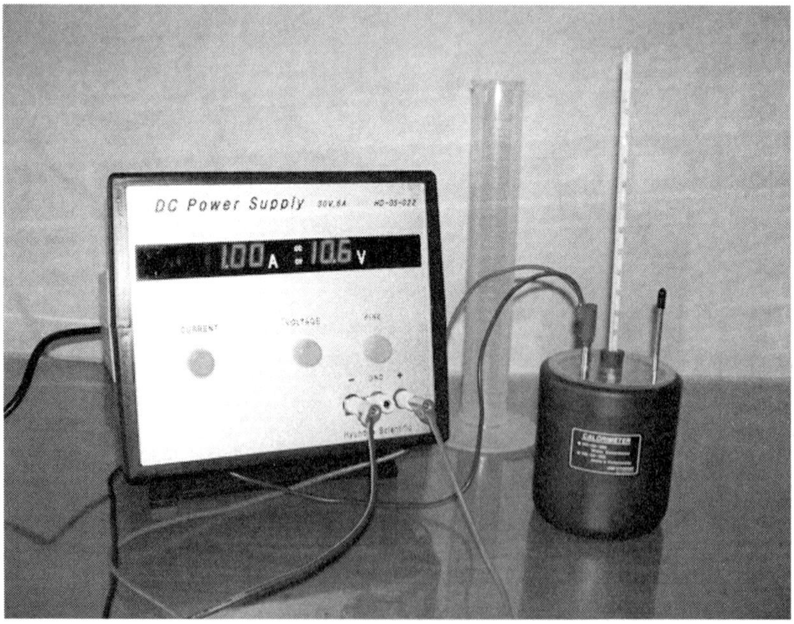

열량계 실험장치

⑥ 물의 온도가 처음보다 10℃ 높아지면 그 때의 전압 V_2를 읽고, 전원을 끊음과 동시에 초시계를 정지시켜 그 때의 온도 t를 기록한다.

⑦ 전원을 끊은 후 교반기로 저어 온도가 평형상태가 되게 하여 그때의 온도 θ 2를 기록한다.

⑧ 위의 데이터로부터 전류에 의한 열의 일당량 J를 구한다. 단, 전압 V는 V_1과 V_2를 평균하여 적용한다.

분석

▶ N번 측정한 데이터 분석

실험값의 평균 : $x_{평균} = \dfrac{1}{N}\sum_{i=1}^{N} x_i$

표준편차 : $\sigma \equiv \sqrt{\dfrac{1}{(N-1)}\sum_{i=1}^{N}(x_i - x_{평균})^2}$

표준오차 : $\sigma_m \equiv \dfrac{\sigma}{\sqrt{N}} = \sqrt{\dfrac{1}{N(N-1)}\sum_{i=1}^{N}(x_i - x_{평균})^2}$

※ 사용상의 주의 사항

예비 보고서

Joule 열량계(열의 일당량 측정)

학과		학번		이름		실험조	
실험일시		공동실험자					

1. 실험목적

2. 원리요약

3. 실험기구 및 재료

4. 실험방법

결과 보고서

Joule 열량계(열의 일당량 측정)

학과		학번		이름		실험조	
실험일시		공동실험자					
담당조교							
온도		습도		기압			

1. 측정값

▶ 열량계의 물당량

1	상온에서 물의 질량과 온도	$m_1 =$ g, $T_1 =$
2	끓인 그때의 물의 질량과 온도	$m_1 =$ g, $T_2 =$
3	최종 평형상태의 온도	$T_3 =$ ℃
4	열량계의 물당량	$M =$ g

▶ 열의 일당량

1	물의 질량 m	g
2	처음 물의 온도 T_1	℃
3	처음 물의 온도 T_2	℃
4	평균 전압 V	V
5	전류	A
6	시간 t	s
7	열의 일당량 J	$\times 10^7$ erg/calJ/cal

3. 질문 및 토의

1) 실험결과와 이론결과를 비교해서 그 결과에 대한 이유를 기술해라.

2) 위 실험에 있어서 결과에 매우 예민하게 작용하는 요인은 무엇이며, 이 요인을 줄일 수 있는 방법을 기술해라.

3) 위의 실험경험이 실제로 적용될 수 있는 예를 들어 보시오.

1-13

줄의 정상파

실험목적

소리굽쇠의 진동에 의한 현의 진동을 공명시켜 현에 정상파를 만들고 이 정상파의 정보로부터 소리굽쇠의 진동수를 측정한다.

실험원리

양끝이 고정된 현을 진동시키면 현을 따라 진동수와 진폭이 같은 두 파동이 반대 방향으로 진행하게 된다. 따라서, 현에는 이 두 파동의 합성파인 정상파가 생긴다. 길이가 L이고 선밀도가 μ인 현을 장력 T로 잡아당겼을 때 현을 통하여 전달되는 횡파의 속력은 $v = \sqrt{\frac{T}{\mu}}$ 이고, 정상파의 파장 λ와 현의 고유 진동수 f 사이에는 각각 다음과 같은 관계가 성립한다.

$$\lambda = \frac{2L}{n} \quad (n = 1, 2, 3, \ldots)$$

$$f = \frac{v}{\lambda} = \frac{n}{2L}\sqrt{\frac{T}{\mu}}$$

여기서 n은 정상파의 배의 수와 같으며, n = 1일 때가 기본진동이고 n = 2,3, 4……일 때가 1배, 2배…… 진동이 된다.

[그림 1(a)]와 같이 고유진동수 f 인 소리굽쇠 A에 실의 한쪽 끝을 매고, 다른 끝은 질량이 M 인 추를 달아 놓으면 현의 장력은 Mg 가 된다. 소리굽쇠를 진동시켜 현이 최대 진폭으로 진동을 하면, 이때 소리굽쇠의 고유진동수 f 와 현의 진동수 f_1 은 같게 된다.

$$f = f_1 = \frac{n}{2L}\sqrt{\frac{T}{\mu}}$$

[그림 1(b)]와 같이 소리굽쇠의 진동이 현에 평행한 경우에는 소리굽쇠가 두 번 진동하는 동안에 현은 1회 진동하므로 소리굽쇠와 현이 공명을 일으킬 때는 소리굽쇠의 고유진동수 f와 현의 진동 f_2는 다음과 같이 주어진다.

$$f = 2f_2 = \frac{2}{\lambda_2}\sqrt{\frac{T}{\mu}}$$

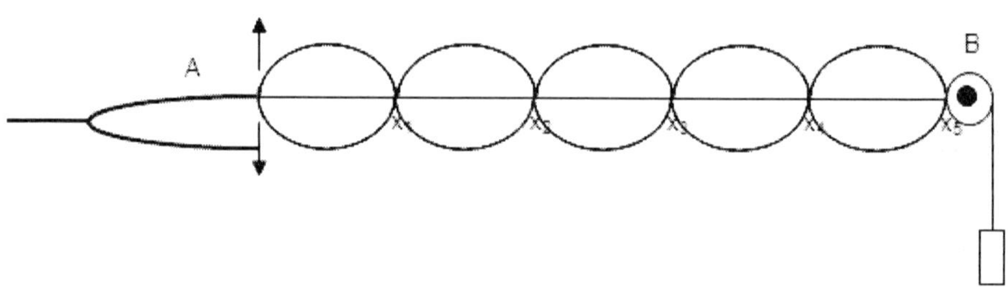

▌그림 1▌ 소리굽쇠의 진동이 현에 수직한 경우

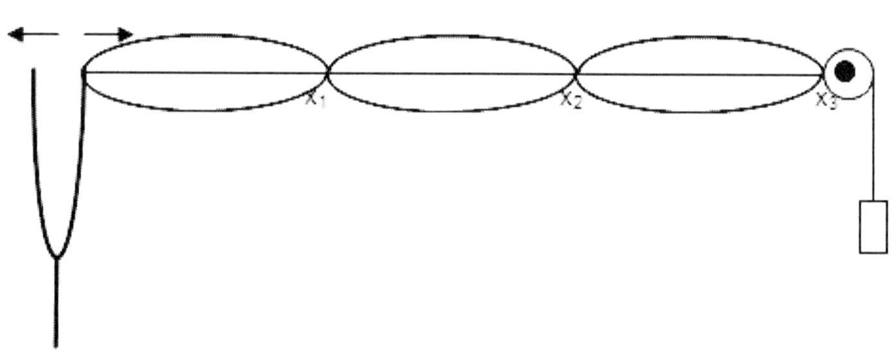

▌그림 2▌ 소리굽쇠의 진동이 현에 평행한 경우

장치와 방법

실험기구 및 재료

전자음차 : 진동수 약 100Hz, 전원 DC 3-12V

실반침대 : 길이 1m, 수평, 수직 겸용

스탠드 : 중량 7.5kg

분동접시 : 4g(1)

분동 : 1g(2), 2g(2), 5g(2), 10g(2)

현(실) : 약 8M, 선밀도 0.0030g/cm

실험방법

① [그림 1(a)]와 같이 소리굽쇠의 진동이 현에 수직하도록 하고 추를 놓는다.

② 소리굽쇠를 진동시켜 현을 진동시킨다.

③ 추를 변화시키거나, 도르래 B의 위치를 조절하여 현의 길이 L 을 변화시키면서 소리굽쇠와 현이 공명을 일으켜 현의 진폭이 최대가 되도록 하고, 이 때의 추 및 추걸이 질량 M과 현의 길이 L 을 측정하고, 정상파의 배의 수 n을 기록한다.

④ 길이 L 에 해당하는 현과 똑같은 줄을 잘라 질량 m을 측정하고 $\mu = m/L$의 관계식에서 현의 밀도 μ를 계산한다.

⑤ 과정 ③,④의 값을 식 (4)에 대입하여 소리굽쇠의 진동수 f를 구한다.

⑥ 추의 질량을 과정 ③의 값의 약 1.5배, 2배로 하여 과정 ①~⑤를 반복한다.

⑦ [그림 1(b)]와 같이 소리굽쇠의 진동이 현에 평행하도록 하고 과정 ②~④ 및 ⑥을 반복하여 식 ⑤로부터 소리굽쇠의 진동수 f를 구한다.

⑧ 과정 ⑤와 ⑦에서 구한 값을 비교 검토한다.

분석

▶ N번 측정한 데이터 분석

실험값의 평균 : $x_{평균} = \frac{1}{N}\sum_{i=1}^{N} x_i$

표준편차 : $\sigma \equiv \sqrt{\frac{1}{(N-1)}\sum_{i=1}^{N}(x_i - x_{평균})^2}$

표준오차 : $\sigma_m \equiv \frac{\sigma}{\sqrt{N}} = \sqrt{\frac{1}{N(N-1)}\sum_{i=1}^{N}(x_i - x_{평균})^2}$

※ 사용상의 주의 사항

예비 보고서

줄의 정상파

학과		학번		이름		실험조	
실험일시		공동실험자					

1. 실험목적

2. 원리요약

3. 실험기구 및 재료

4. 실험방법

결과 보고서

줄의 정상파

학과		학번		이름		실험조	
실험일시		공동실험자					
담당조교							
온도		습도		기압			

1. 측정값

▶ (1) 소리굽쇠의 진동이 현에 수직한 경우

줄의 선밀도 : $\mu = 0.0030\,\text{g/cm}$, 현의 질량 : $\mu L =$ g

	1	2	3
추걸이 및 추질량 M (kg)			
배의 수			
현의 길이 L (cm)			
현의 파장 λ (cm)			
현의 질량 m (g)			
장력 $T = (M+m)g$			
소리굽쇠의 진동수 f (Hz)			

▶ **(1) 소리굽쇠의 진동이 현에 평행한 경우**

줄의 선밀도 : $\mu = 0.0030\,\mathrm{g/cm}$,　현의 질량 : $\mu L =$ 　 g

	1	2	3
추걸이 및 추질량 M (kg)			
배의 수			
현의 길이 L (cm)			
현의 파장 λ (cm)			
현의 질량 m (g)			
장력 $T = (M+m)g$			
소리굽쇠의 진동수 f (Hz)			

3. 질문 및 토의

1) 실험결과와 이론결과를 비교해서 그 결과에 대한 이유를 기술해라.

2) 위 실험에 있어서 결과에 매우 예민하게 작용하는 요인은 무엇이며, 이 요인을 줄일 수 있는 방법을 기술해라.

3) 위의 실험경험이 실제로 적용될 수 있는 예를 들어 보시오.

2학기

2-1

정전하의 특성

실험목적

본 실험에서는 대전봉을 마찰시켜 전하를 발생시켜서 다른 도체에 전하를 유도하는 실험을 시행한다. 이 실험을 통해서 대전봉 사이의 전하의 이동 경로를 살펴보고, 이동에 따른 전하량의 보존을 살펴본다. 즉, Faraday Ice Pail과 대전봉을 사용하여, 전하의 발생, 전하의 이동, 전하의 보존 등에 대한 정전기유도 현상을 실험으로 확인한다.

실험원리

물체가 전기를 띠는 현상을 **대전**, 전기를 띤 물체를 **대전체**라고 한다. 대전체가 띠고 있는 전기를 전하(electric charge)라 하며 그 양을 전하량이라 한다. 전하량은 기본전하인 전자의 전하량에 대한 정수배로만 표현된다. ⇒ **전하량의 양자화**

본 실험에서는 대전봉을 마찰시켜 전하를 발생시켜서 다른 도체에 전하를 유도하는 실험을 시행한다. 이 실험을 통해서 대전된 전하의 종류와 전하량과 이동경로를 살펴본다.

❑ 대전체를 만드는 방법 : 두 물체 사이에 마찰작용

모든 물체는 원자로 구성되어 있으며 원자는 양전하를 띤 원자핵과 그와 똑 같은 전하량을 띤 전자들로 구성되어 있다. 따라서 물체를 마찰시키면 마찰열로 인하여 한쪽 물체는 전자를 잃어 양전하를 띠게 되고, 반대로 다른 물체는 그 만큼의 전자를 얻어 음전하를 띠게 된다.

전하량 보존법칙은 주고받는 전하량의 총합이 영이 됨을 말한다.

- 대전체를 부도체 가까이 가져가면 가벼운 부도체의 경우 부도체가 대전체에 달라붙는 현상을 볼 수 있다. 이 경우 자유전자가 없는 부도체 내의 원자핵을 중심으로 전자분포의 대칭성이 깨져서 부도체의 분자들이 극성을 띠기 때문이다. 이 현상을 **유전분극**이라 부른다.
- 대전체를 도체 가까이 가져가면 대전체와 가까운 쪽의 도체영역에는 대전체와 반대의 전하가 인력으로 유도되고, 도체영역의 먼 쪽에는 대전체와 같은 전하들이 유도되는데, 이 현상을 **정전기유도**라고 한다.

❑ 정전기유도체의 자유전자를 없애는 방법 :

도체나 대전체를 접촉시켜 전자를 빼내거나 주입하는 방법(**전도에 의한 대전**), 또는 유도체를 접지시켜(**유도에 의한 대전**) 자유전자를 빼내는 방법 등이 있다.

전자가 양전자에 비해 가볍기 때문에 도체 내에서 자유전자의 이동이 일어난다.

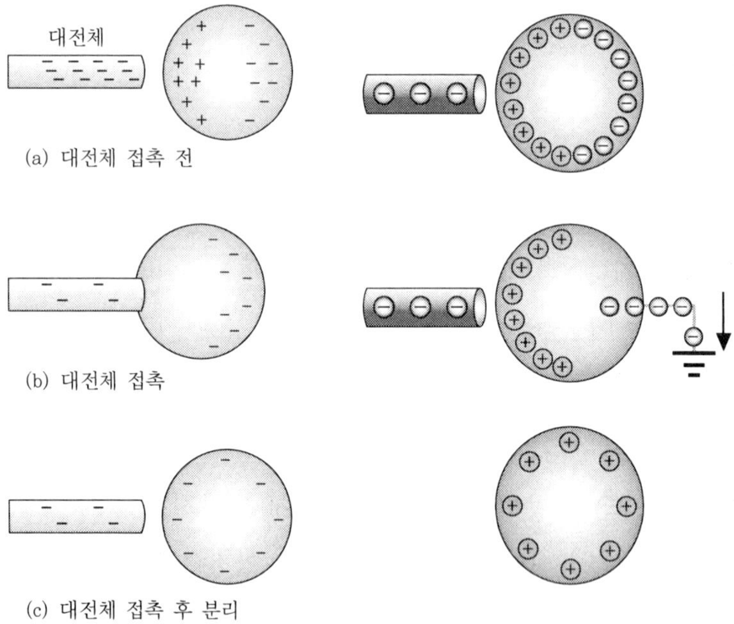

[전도에 의한 대전] [유도에 의한 대전]

실험기구 및 재료

전위계(Electrometer), Faraday Ice Pail(FIP), 대전봉 (A,B,C), 테스터 리드선, 테스트 봉

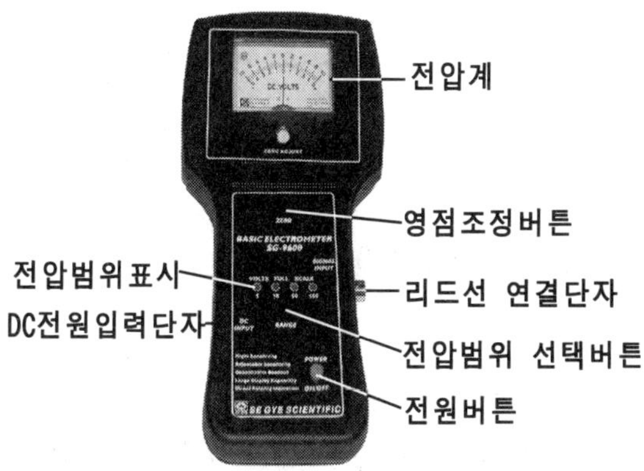

전위계(Electrometer)

Faraday Ice Pail(FIP)

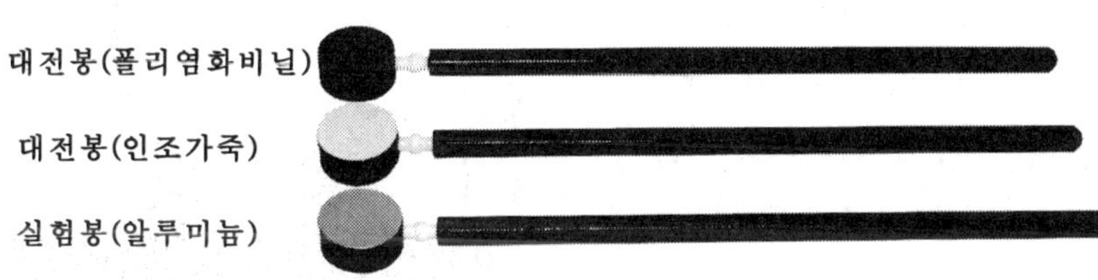

대전봉 및 실험봉

실험장치와 방법

각 실험을 시행하기 전에 실험자들의 정전기 영향을 없애기 위하여 [그림 1]과 같이 FIP에 손으로 접지하여 FIP에 전하들의 편중을 없애고, [그림 3]처럼 electrometer를 연결하여 영점조절을 한다. 전위계의 눈금은 잘 읽을 수 있는 범위로 조절한다.

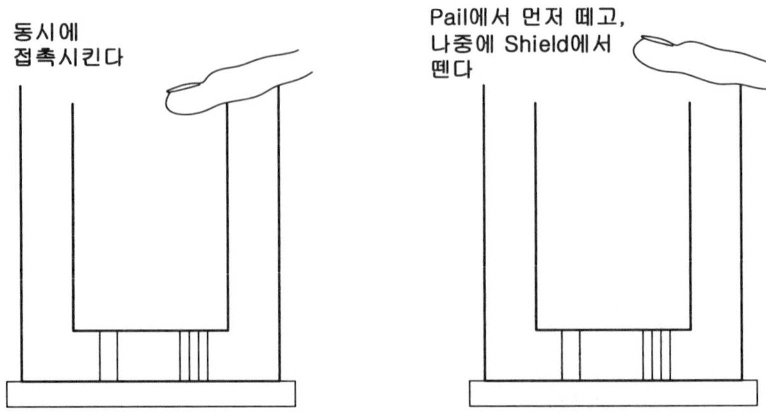

▌그림 1▐ FIP 접지 방법

[그림 2]와 같이 FIP에 양전하를 띤 대전체를 삽입한 경우 Ice Pail이 도체이므로 대전체 가까이는 음전하, 먼 쪽에는 양전하로 분포된다. 도체인 Shield에도 같은 전하분포가 되지만 접지된 관계로 전위는 영이다. 따라서 FIP 사이의 전위계는 +V 로 나타난다. FIP에 음전하를 띤 대전체가 삽입되면, 접지된 Shield 쪽에 음전하가 분포되어 FIP 사이의 전위계는 −V 로 나타난다.

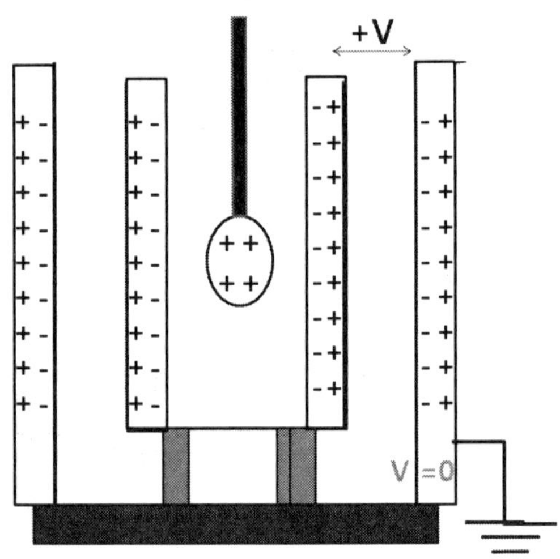

▌그림 2▐ FIP에 양전하의 대전체 삽입

실험 1. 대전체의 전하 종류 결정[표 1]

① [그림 3]과 같이 전위계를 FIP에 연결한다. 실험에 앞서 Ice Pail을 반드시 접지시키도록 한다. Ice Pail이 접지 되었을 때 전위계는 영을 가리키며, 이는 Ice Pail에 자유전하가 없다는 것을 의미한다. Ice Pail에서 전하가 완전히 제거 되었을 때 전위계의 Zero 버튼을 누른다.

② FIP 밖에서 두 대전봉을 서로 마찰시켜 대전시킨다(대전봉 구별에 주의!).

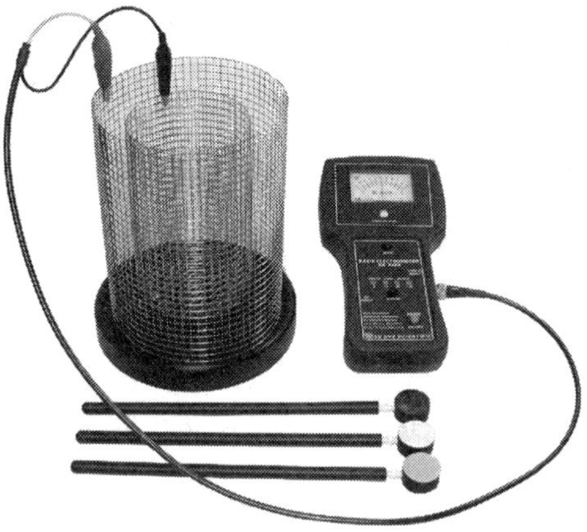

▌그림 3▌ 전위계와 FIP의 연결

③ 각 대전봉을 FIP 안에 넣었을 때와 빼내었을 때의 전위계의 눈금을 읽어 기록한다(눈금이 음인지 양인지가 중요하지만 가능하면 눈금도 읽어둔다).

④ 다시 손으로 FIP를 접지시킨 후에 두 번째 대전봉을 넣고 실험③을 시행하고 전위계의 눈금들을 기록한다(대전봉이 FIP에 닿지 않도록 주의한다).

⑤ 대전봉의 3가지 조합의 경우를 종합하여 표 [1]에 작성한다. 이 실험을 통해서 무엇을 결정할 수 있는지 서로 토의하여 결과보고서를 작성한다.

실험 2. 전하의 보존확인[표 2]

① 대전봉들을 접지시켜서, 대전봉의 목과 손잡이 부분에 존재하는 전하를 완전히 제거한다. 대전되지 않은 두 대전봉 (A, B)을 함께 FIP에 넣어서 전위계가 영이 되도록 접지하고 영점조절을 한다.

② FIP 속에서 두 대전봉을 문질러 전하를 발생한 후에, 서로 떨어뜨려서 전위계를 읽는다(두 봉이 서로 부딪히거나, FIP에 닿지 않도록 주의해야 한다).

③ 대전봉 A를 FIP에서 빼낸 후 전위계 눈금을 기록하고, 다시 넣은 후의 전위계의 눈금도 읽는다.

④ 대전봉 B를 FIP에서 빼낸 후 전위계 눈금을 기록하고, 다시 넣은 후의 전위계의 눈금도 읽는다.

⑤ 두 대전봉을 동시에 빼낸 후의 전위계의 눈금도 읽어 둔다.

⑥ 위의 실험을 또 다른 조합의 두 대전봉의 경우에 실행한다.

결과토의는 데이터를 기준으로 대전 전하량의 보존됨을 설명할 것!!

실험 3. 전도(Conduction)에 의한 FIP의 대전 [표 3]

① [실험 1]의 ①~②를 시행한다.

② 두 대전봉 중에 하나를 FIP에 넣어서 전위계 눈금을 기록한다.

③ 넣은 대전봉을 FIP의 내벽에 살짝 쳐서 접촉한 후에 전위계의 눈금을 기록한다. (대전봉 구별할 것)

④ 대전봉을 빼낸 후의 전위계의 눈금을 기록한다.

⑤ FIP를 다시 접지시킨 후에 다른 조합의 대전봉을 가지고 위의 실험을 다시 시행한다.

실험 4. 유도(Induction)에 의한 FIP의 대전 [표 4]

① [실험 1]의 ①~②를 시행한다.

② 두 대전봉 중에 하나를 FIP에 넣어서 전위계 눈금을 기록한다.

③ 대전봉이 들어있는 상태에서 손으로 FIP의 내벽에 살짝 쳐서 접지한다. 이 경우 손을 접지한 상태에서의 전위계와 손을 뗀 후의 전위계 눈금을 구별하여 기록하여 둔다.

④ 대전봉을 빼낸 후에 전위를 기록한다.

⑤ FIP를 다시 접지시킨 후에 다른 조합의 대전봉을 가지고 위의 실험을 다시 시행한다.

실험 5. 유도(Induction)에 의한 도체의 대전 [표 5]

① FIP의 접지와 전위계의 영점조절을 한다.

② FIP밖에서 부도체인 두 대전봉을 마찰시킨다. (대전봉의 구별에 주의 할 것!)

③ 마찰시킨 대전봉에 알루미늄인 도체 대전봉을 약 5mm 정도 가까이 접근시키고 손으로 도체대전봉을 살짝 친 후에 FIP에 넣어서 전위를 기록한다. (마찰 대전봉 구별할 것!)

④ FIP를 다시 접지시킨 후에 다른 조합의 대전봉을 가지고 위의 실험을 다시 시행한다.

예비 보고서

정전하의 특성

학과		학번		이름		실험조	
실험일시		공동실험자					

1. 실험목적

2. 원리요약(최종 결과식과 측정하는 양들을 중심으로)

3. 실험기구 및 재료

4. 실험방법

사용상의 주의 사항

결과 보고서

정전하의 특성

학과		학번		이름		실험조	
실험일시		공동실험자					
담당조교							
온도		습도		기압			

1. 측정값

[표 1] 전하의 종류(FIP 밖에서 두 대전봉을 마찰시킨 후 실험시행)

대전봉 조합	왼쪽 대전봉		오른쪽 대전봉	
	in	out	in	out
A+B				
B+C				
C+A				
전하의 종류				

[A:폴리염화비닐, B:인조가죽, C:알루미늄]

[표 2] 전하의 보존 (FIP 안에 두 대전봉을 넣고 실험시행)

대전봉 조합	A (왼쪽 봉), B (오른쪽 봉)		A out	B out	A out
	in	Rub (마찰 후)	B in	A in	B out
A+B					
B+C					
C+A					
보존여부					

[표 3] 전도(conduction)에 의한 대전

대전봉 조합	A (왼쪽 봉)			B (오른쪽 봉)		
	in	touch FIP	out	in	touch FIP	out
A+B						
B+C						
C+A						
대전여부						

[표 4] 유도(Induction)에 의한 FIP의 대전

대전봉 조합	A (왼쪽 봉)			B (오른쪽 봉)		
	in	touch FIP by the hand	out	in	touch FIP by the hand	out
A+B						
B+C						
C+A						
대전여부						

[표 5] 유도(Induction)에 의한 도체의 대전

대전봉 조합	A (왼쪽 봉)		B (오른쪽 봉)	
	in	touch the Al-rod by the hand	in	touch the Al-rod by the hand
A+B				
대전여부				

2. 실험값과 이론값과의 비교

3. 결과 및 토의

1) 실험결과와 이론결과를 비교해서 그 결과에 대한 이유를 기술해라.

2) 위 실험에 있어서 결과에 매우 예민하게 작용하는 요인은 무엇이며, 이 요인을 줄일 수 있는 방법을 기술해라.

3) 위의 실험경험이 실제로 적용될 수 있는 예를 들어 보시오.

2-2

전기장과 등전위선 그리기

실험목적

도체판에 전극을 배치하여 전류를 흐르게 하여 등전위선과 전기장을 그려봄으로써 전위와 전기장의 개념을 이해하고 등전위선의 모양과 전기장의 방향을 확인한다.

실험원리

전위차를 가진 두 전극 사이에는 항상 전기장이 존재한다. 전하량 q의 하전입자가 전기장 내에서 힘 $\vec{F}$를 받을 때, 그 지점에서의 전기장은 $\vec{E} = \vec{F}/q$ 로 정의된다. 이 경우 힘의 방향은 전기장의 방향으로 결정된다. 한편 그 점의 전위 V는 단위전하당의 위치에너지로 정의된다. 전기장의 방향은 [그림 1]과 같이 양전하에서는 전하를 중심으로 나가는 방향, 음전하에서는 중심으로 들어가는 방향으로 표시한다.

전기장 E 하에서 전하 q 를 Δr 만큼 이동시키는데 전기력이 한 일 W은 다음과 같다.

$$W = q\vec{E} \cdot \Delta\vec{r} = -\Delta U \quad \cdots\cdots (1)$$

즉, 전기력이 전하에 작용하는 일은 항상 전기적 위치에너지를 낮추는 방향으로 작용한다. 이 경우 전하당 위치에너지의 차이(전위차 : ΔV)는 다음과 같이 주어진다.

$$\Delta V \equiv \frac{\Delta U}{q} = -\vec{E} \cdot \Delta\vec{r} \quad \cdots\cdots (2)$$

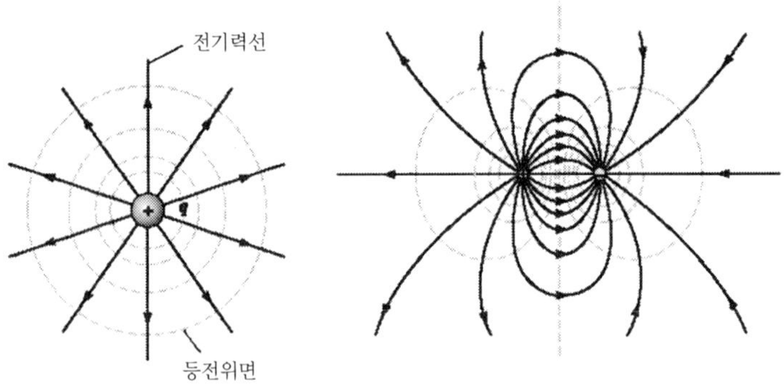

▌그림 1▌ 전기력선과 등전위면

$\Delta V = 0$ 인 점들을 연결한 선을 등전위선이라 부르는데, 특징은 같은 세기의 전기장이 위치하는 곳이기도 하다. 달리 표현하면 Δr 의 방향이 전기장 방향과 수직이면 등전위선에 위치한 곳이기도 하다. 또한 두 위치 사이(Δr)에 전위차가 최대가 되려면($\Delta V \rightarrow$ 최대) 변위가 전기장의 방향으로 벗어나야함을 알 수 있다. 따라서 전기장과 전위와의 관계는 다음과 같이 주어진다.

$$E = -\frac{\Delta V}{\Delta r}\hat{r} = -\frac{dV}{dr}\hat{r} \qquad (3)$$

여기서 $\hat{r}$ 는 등전위선에 수직인 단위벡터이다. 전기장의 방향은 등전위선에 수직 방향이고, 전기장의 방향으로 두 점사이의 전위차가 최대가 된다.

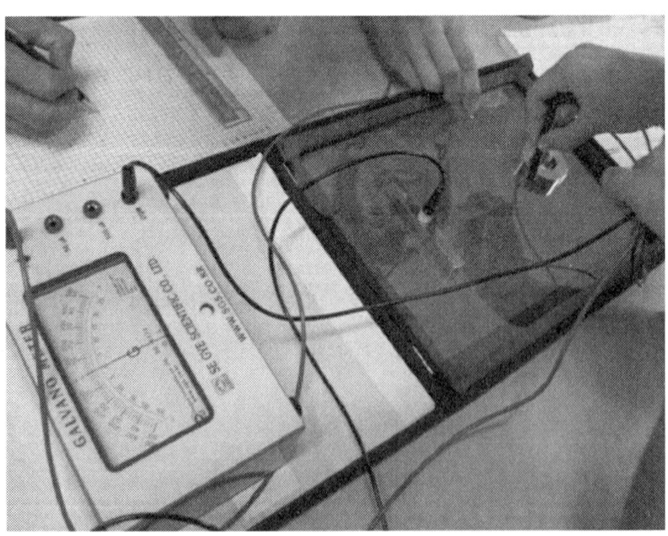

▌그림 2▌ 등전위선과 전기장 방향 측정 장치

실험기구 및 재료

등전위선 측정장치, 검류계, 전원장치, 고정 검침 봉, 이동 검침 봉, 여러 모양의 전극

실험방법

실험 1 : 등전위선 측정

① 등전위선 측정장치에 [그림 2]와 같이 전극을 배치하고 검침봉 리드선을 설치한다.

② 전극에 전원을 연결하고, 검류계의 영점이 맞는지 확인 한 후, 이동 검침봉과 고정 검침봉을 검류계와 연결한다.

③ 전원을 ON으로 하고 전압을 약 9V로 조정한 후, 전류계에 전류가 흐르는 것을 확인한 다음, 고정 검침 봉을 적당한 곳에 고정시킨다. (고정 검침봉은 같은 등전위점을 찾을 때 까지 움직이지 말아야 한다.)

④ 이동 검침봉의 끝점을 적당히 이동하면서 검류계의 바늘의 이동 상태를 본다. 바늘이 심하게 이동하지 않는 곳은 고정 검침봉의 등전위점에 가까이 왔음을 의미한다. 다시 정밀하게 그 근처에서 움직여 가며 검류계의 바늘이 영점이 되는 위치를 찾는다.

⑤ 도체판 아래에 보이는 위치를 눈금판에서 읽어 표시한다.

⑥ <u>고정 검침봉은 고정시킨 상태에서</u> 이동 검침봉을 이동하여 같은 방법으로 등전위점을 10개정도 찾아 표시한다.

⑦ 이상의 과정을 거친 후 표시한 점들을 연결하여 등전위선을 그린다.(표시점이 많으면 많을수록 등전위선의 정밀도가 높아짐을 알 수 있다.)

⑧ 고정 검침 봉의 위치를 적당한 위치에 이동하여 놓고 위의 실험을 반복한다.

⑨ 이상의 실험이 끝났으면 [그림 3]과 같이 다른 모양의 전극체로 바꾸고 같은 방법으로 실험한다(전극체의 배치모양에 따라 등전위선의 형태가 달라짐을 확인할 수 있을 것이다).

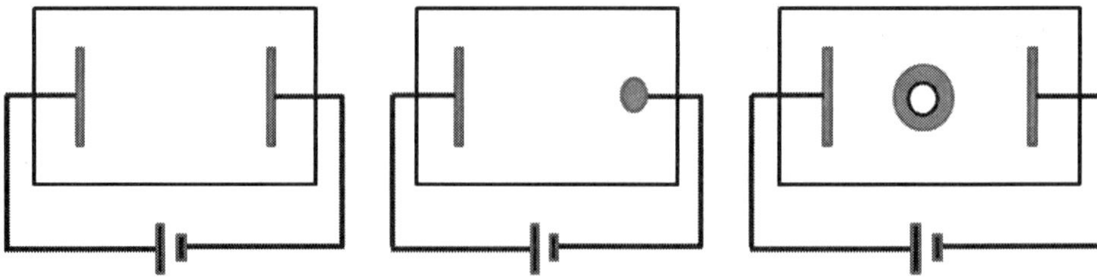

▌그림 3▌ 여러 모양의 전극

실험 2 : 전기장 방향의 측정

① 위 실험의 ①~④ 번과 같은 방법으로 준비한다.

② 실험 [1]에서 찾은 등전위선 위 임의의 점에 검류계에 연결한 두 검침봉 중 하나를 축으로 잡고, 다른 검침봉으로 원을 그리면서 검류계의 바늘이 가장 큰 값을 가리키는 방향점을 찾는다(이 두 점을 이으면 전기장 방향이 된다. [그림 4] 참조). (멀티미터의 한 단자를 대고 다른 쪽 단자로 원을 그리며 전압의 변화를 관찰하여 전압 변화가 최대가 되는 점을 찾는 방법도 가능하다.)

③ 찾은 방향점을 다시 축으로 하여 다른 검류계의 바늘이 최대가 되는 방향점을 찾는다.

④ 위 작업을 반복하여 두 전극사이에 연결되는 전기장선을 그려본다. (전극사이에 이 점들을 많이 찾아서 전기장(력)선을 그린다.)

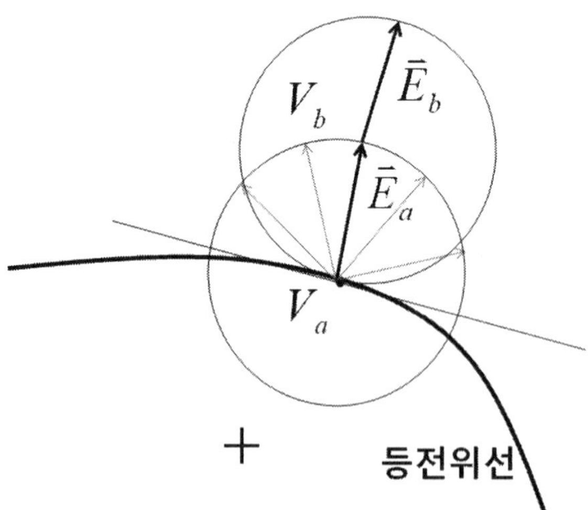

▌그림 4▌ 전기장 방향 결정

사용상 주의 사항

- 유리판은 엷은 금속 막으로 증착 되어 있으므로 긁혀서 벗겨지지 않게 주의한다.
- 전극체와 유리면 사이에 이 물질이 끼지 않게 주의한다.
- 고정검침봉의 위치를 옮길 때마다 등 전위선을 하나씩 그리고 그래프 용지당 10개 정도의 등전위선을 그린다.
- 여러 가지 전극모양이므로 각각의 시료에 따른 등전위선을 그려본다.
- 전원에서 전압을 너무 낮게 걸어주면 검류계 눈금의 움직임이 작아지므로 전압을 적당한 크기로 걸어주는 것이 좋다.

예비 보고서

전기장과 등전위선 그리기

학과		학번		이름		실험조	
실험일시		공동실험자					

1. 실험목적

2. 원리요약(최종 결과식과 측정하는 양들을 중심으로)

3. 실험기구 및 재료

4. 실험방법

결과 보고서

전기장과 등전위선 그리기

학과		학번		이름		실험조	
실험일시		공동실험자					
담당조교							
온도		습도		기압			

1. 측정값

등전위선 mapping용 그래프 용지

1. 쌍극자 형태
2. 평행판 도체의 경우
3. 긴사각형도체와 좁은 사각형 도체의 배치
4. 사각형과 원형 도체의 배치

2. 실험값과 이론값과의 비교

3. 결과 및 토의

1) 실험결과와 이론결과를 비교해서 그 결과에 대한 이유를 기술해라.

2) 위 실험에 있어서 결과에 매우 예민하게 작용하는 요인은 무엇이며, 이 요인을 줄일 수 있는 방법을 기술해라.

3) 위의 실험경험이 실제로 적용될 수 있는 예를 들어 보시오.

2-3

전기전자 계측기 사용법

실험목적

교류전원 발생장치, 멀티미터, 오실로스코프 등의 전기계측기의 사용법을 익힌다.

멀티미터를 사용해서 알려진 저항들을 측정하여 저항값 표시인 색갈표시와 비교해보고, 교류전원장치에서 발생하는 두 전원의 신호를 오실로스코프로 확인하고 두 신호가 중첩되는 신호도 확인한다.

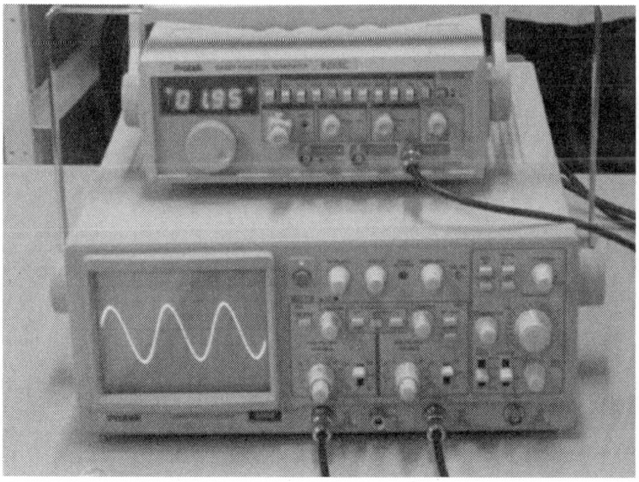

▌그림 1▐ 함수파형발생기와 오실로스코프

▌그림 2▐ 디지털멀티미터

실험원리

※ 디지털멀티미터(Multimeters)

전기전자 소자나 회로의 전기적인 특성을 측정하는 계측기로 자주 사용되는 기기이다. 기본 측정량으로는 교류전류, 직류·교류전압, 저항이며, 확장된 기기로 교류전류, 축전기의 용량, 코일의 인덕턴스, 데시벨, 주파수 측정 등을 측정하게 한 것도 있다.

교류전압, 교류전류를 측정하면 실효값으로 주어진다.

전류, 전압, 저항 등을 측정할 때, 두 측정단자를 잘 확인하여 선택하여야 한다(보다 자세한 사용법은 사용자 매뉴얼을 참조한다).

(1) 직류전압(DC V)의 측정

측정할 때는 다이알 스위치를 DC V에 옮겨 놓는다. 적색 리드선(+단자)은 전압의 높은 쪽에 대고 흑색 리드선(-단자)은 전압의 낮은 쪽에 댄다. 눈금을 잘 읽을 수 없을 때는 다이알 스위치를 한 단씩 내려 측정 레인지를 맞추어 읽는다. 메타의 허용오차가 3~4%이므로 최대값에 가까운 레인지 눈금에서 측정할수록 정확하게 된다.

(2) 교류전압(AC V)의 측정

다이알 스위치를 AC V에 놓고 직류전압을 측정하는 방법과 동일하게 측정한다. 다만 이때는 +, - 극성을 구별할 필요는 없다.

(3) 직류전류(DC A)의 측정

① 전류 측정시에는 반드시 회로와 직렬로 연결시켜야 한다. 테스터의 다이알 스위치를 DC A로 돌려놓는다. 측정하려는 전류를 알지 못하는 경우에는 반드시 스위치를 최대 전류 레인지에 옮겨 놓은 후 전압이 높은 쪽에 적색 리이드선 (+단자)을, 낮은 쪽에 흑색 리이드선 (-단자)를 접촉시켜 측정한다. 바늘이 너무 작게 움직이면 레인지를 점차로 내려 오른쪽 부근에 바늘이 오도록 한다.

② 아주 낮은 전류를 측정하고자 할 때에는 측정 레인지를 저항레인지(전류, 저항 혼용: 150mA, 15mA, 150μA 중 선택)로 옮긴다. 이때는 μA, mA로 쓰여 있는 별도의 눈금스케일을 읽는다.

(4) 저항(Ω)의 측정

① 우선 다이알 스위치를 저항레인지의 적당한 곳에 넘겨 놓는다.

② 적색 리이드선과 흑색 리이드선을 접촉하여 단락시키고 "0" 오옴 조정기를 돌려 바늘이 저항눈금의 오른쪽 "0"의 위치에 오도록 조절한다. 이와 같은 영점조절은 다이알 스위치를 한 단씩 움직일 때마다 반드시 반복해서 조절해야 한다.

③ 두 측정 리이드선을 저항의 양 단자에 접속시켜 눈금을 읽는다.

* 함수파형발생기(Function Generator)

함수파형발생기는 선택된 주파수 범위 내에서 여러 파형의 교류 전압의 신호를 생성시킨다. 주파수 범위는 0.02Hz~2MHz이고, 출력파형은 sine형, 삼각형, 펄스형, 램프형 등으로 만들어질 수 있다. 출력전압 크기는 수 볼트에서 약 20볼트 정도이다.

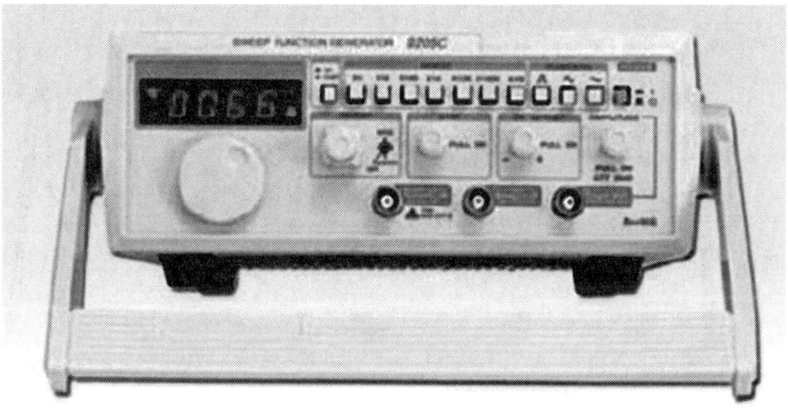

▌그림 3▌ 함수파형발생기

▌기본사용법

① 모든 조절단자를 왼쪽으로 돌려 안정화시킨다.

② 출력단자에 동축케이블을 연결한다.

③ 전원을 키고, 주파수 선택버튼을 눌러 원하는 주파수대를 선택한다.

④ 디지털 표시판에 원하는 주파수의 값이 되도록 다이얼 조절기를 돌려가면서 세밀하게 맞춘다.

⑤ 출력신호의 파형은 선택파형버튼을 눌러 원하는 출력파형을 선택한다.

⑥ 다이얼식 전압조절단자를 돌려서 출력전압의 크기를 조절할 수 있지만, 전압의 값은 표시되지 않는다.

⑦ 위의 출력신호를 오실로스코프에 연결하여 확인해본다.

※ 오실로스코프(Oscilloscopes)

오실로스코프는 시간적으로 빠르고 복잡하게 변하는 전압신호를 시각적으로 보여주는 화상계측기이다. 신호 입력단자를 두 개 이상 갖고 있으며, 두 신호를 동시에 보여주기도 하고 또한 두 신호의 합성신호를 통해 두 신호의 위상차를 측정할 수도 있다. 가로축은 시간크기를 나타내고 세로축은 전압의 크기를 표시한다.

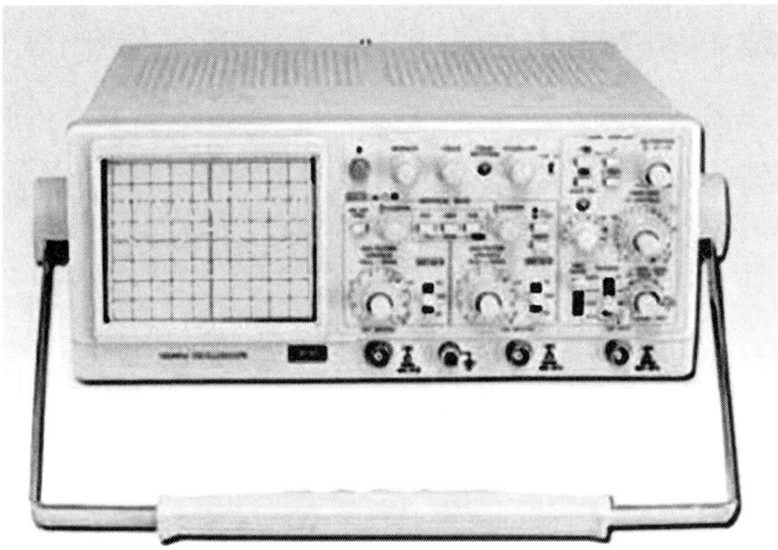

그림 4 오실로스코프

기본사용법

① 전원을 키고 3~5초 기다린 후에 화상에 나타난 빔의 밝기와 초점을 최적의 해상도로 맞춘다.

② 입력단자에 외부 출력 신호단자를 연결한다. 입력신호를 측정할 입력채널 단자를 눌러 선택한다.

③ 시간범위 레벨을 조절하거나 전압크기레벨을 조절하여 디지털 표시판에 입력신호가 잘 나타나도록 조절한다.

④ 전압과 시간조절레벨의 크기는 한 그리드의 크기를 표시한다.

⑤ 화면에 파형이 고정되지 않고 움직이면 트리거모드를 auto로 전환한 다음 (17) 번을 돌려가면서 출력파형을 고정시킨다.

⑥ 채널을 바꾸어가면서 출력파형을 표시해 본다. 두 채널을 동시에 보려면 ADD 버튼을 누르면 된다.

실험방법

▶ 디지털미터기로 기지저항의 저항값 측정

① 우선 다이알 스위치를 저항레인지의 적당한 곳에 넘겨 놓는다.

② 적색 리이드선과 흑색 리이드선을 접촉하여 단락시키고 "0" 오옴 조정기를 돌려 바늘이 저항눈금의 오른쪽 "0"의 위치에 오도록 조절한다. 이와 같은 영점조절은 다이알 스위치를 한 단씩 움직일 때마다 반드시 반복해서 조절해야 한다.

③ 두 측정 리이드선을 저항의 양 단자에 접속시켜 눈금을 읽는다.

▶ 오실로스코프를 사용해서 함수파형발생기의 합성신호 관측

[그림 1]과 같이 함수파형발생기를 오실로스코프와 연결한다. 함수파형발생기의 출력단자를 오실로스코프 입력단자인 채널단자에 연결한다. 전압레버와 시간레버를 조절하여 입력신호를 모니터에 잘 나타나도록 조절한 다음, 전압과 주기를 읽는다.

예비 보고서

전기전자 계측기 사용법

학과		학번		이름		실험조	
실험일시		공동실험자					

1. 실험목적

2. 원리요약(최종 결과식과 측정하는 양들을 중심으로)

3. 실험기구 및 재료

4. 실험방법

결과 보고서

전기전자 계측기 사용법

학과		학번		이름		실험조	
실험일시		공동실험자					
담당조교							
온도		습도		기압			

1. 측정값

[표 1] 저항 측정

	Color Code	디지털 멀티미터(DM)		아날로그 멀티미터(DM)	
n	저항(Ω)	저항(Ω)	오차(%)	저항(Ω)	오차(%)
1					
2					
3					
4					
5					
평균					
표준편차					

[표 2] 함수발생기의 파형 교류전압 분석

함수발생기		오실로스코프		오실로스코프(sum)	
		전압(V)	주기(s)	중첩전압(V)	중첩주기(s)
전압1(V)					
주파수1(Hz)				중첩주파수(Hz)	
주기1(s)					
전압2(V)					
주파수2(Hz)					
주기2(s)					

2. 실험값과 이론값과의 비교

3. 결과 및 토의

1) 실험결과와 이론결과를 비교해서 그 결과에 대한 이유를 기술해라.

2) 위 실험에 있어서 결과에 매우 예민하게 작용하는 요인은 무엇이며, 이 요인을 줄일 수 있는 방법을 기술해라.

3) 위의 실험경험이 실제로 적용될 수 있는 예를 들어 보시오.

2-4 평행판 축전기의 전기용량 측정

실험목적

평행판 축전기에 전하를 충전시킨 후, 평행판 사이의 간격을 변화시키거나 또는 유전체를 삽입하는 경우에 전기용량의 변화를 살펴본다. 즉, 축전기 구조변화에 대한 전기용량의 의존성과 유전체와 전기용량과의 관계를 살펴본다.

실험원리

[그림 1]처럼 평행한 도체 양극판에 전하 $\pm Q$을 충전시킨 경우, 두 극판사이에 전위차 V_0는 다음과 같이 형성된다.

$$V_0 = \frac{Q}{C} \quad \cdots\cdots (1)$$

전기용량 $C[F]$는 전위차와 전하량과의 비례상수로 주어진다.

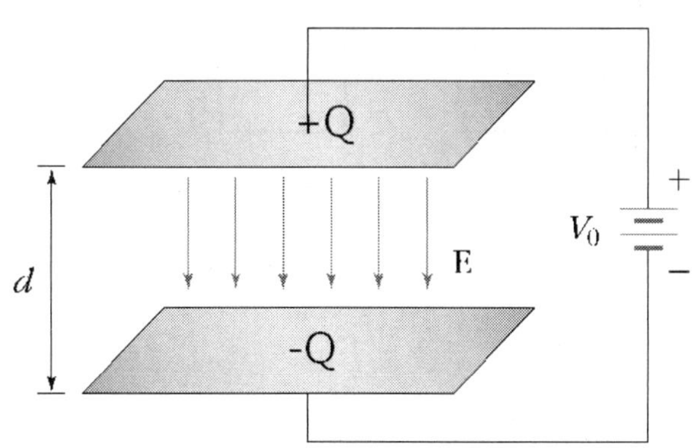

❙그림 1❙ 평행판 축선기

면적이 A 이고 거리 d 만큼 떨어진 두 개의 평행한 도체판으로 이루어진 축전기에 전하량 Q 가 충전되면, 가우스 법칙에 따라 축전기 내의 전기장은 다음과 같이 주어진다.

$$E = \frac{Q}{\varepsilon_0 A} = \frac{\sigma}{\varepsilon_0} \quad (\varepsilon_0 = 8.8542 \times 10^{12}\,\mathrm{F/m}) \qquad \cdots\cdots (2)$$

ε_0 은 진공의 유전율이고, σ는 단위면적당 전하량이다.

또 평행판 사이에 전위차로부터 전기용량은 다음과 같다.

$$V = E\,d = \frac{Q\,d}{\varepsilon_0 A} \quad \Rightarrow \quad C = \varepsilon_0 \frac{d}{A} \qquad \cdots\cdots (3)$$

전기용량은 평행판 사이의 간격(d)과 그 사이에 끼인 물질에 따라 달라짐을 알 수 있다.

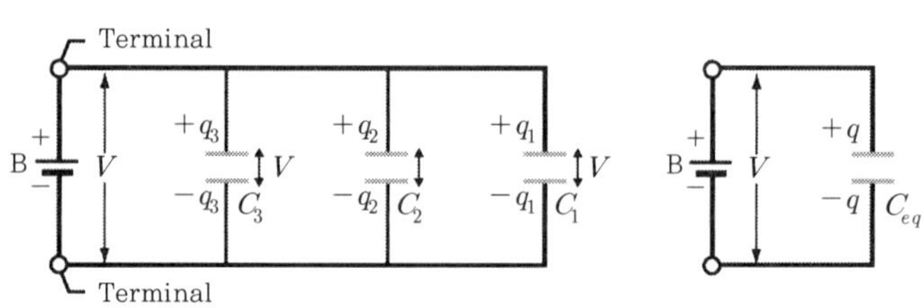

[축전기의 병렬연결과 등가 전기용량]

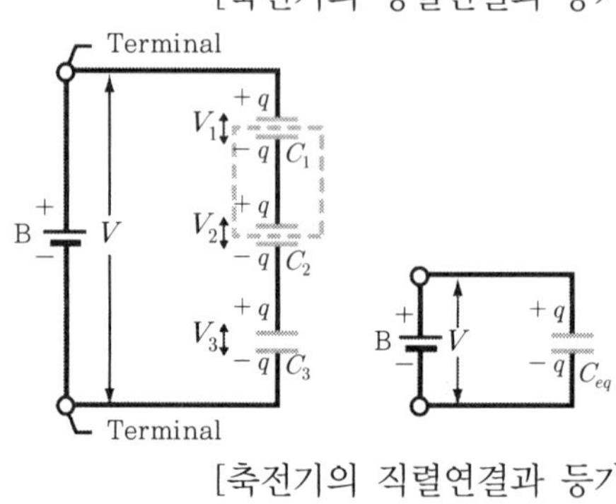

[축전기의 직렬연결과 등가 전기용량]

또 전기용량 C_1, C_2, C_3를 갖는 세 축전기의 직렬과 병렬로 연결한 회로의 경우, 등가전기용량은 다음과 같이 주어진다.

$$C_{\text{등가병렬}} = C_1 + C_2 + C_3$$

$$\frac{1}{C_{\text{등가직렬}}} = \frac{1}{C_1} + \frac{1}{C_2} + \frac{1}{C_3} \qquad \cdots\cdots (4)$$

〈유전체 삽입〉

충전시킨 축전기의 전압과 유전체를 삽입한 후에 축전기의 전압차를 비교해보라. 유전체를 삽입하면 축전기의 전압은 감소하게 되는데, 이것은 전기용량을 크게 할 수 있는 것이고, 다른 의미로는 전하를 더 충전할 수 있다는 것이다. 즉, 유전체를 삽입하면 충전 전하량을 증가시킬 수 있다는 것이다. 유전체란 광물성 기름이나 플라스틱 같은 절연체 물질이다. 이 유전체가 축전기 극판 사이의 공간을 채우면 전기용량을 증가시킬 수 있게 된다. 이것은 1837 Michael Faraday가 처음으로 확인하였다. [표 1]에는 몇 가지 유전체와 유전상수를 표시하고 있다. 진공의 유전상수를 1로 정의했다. 공기는 대부분이 빈 공간이므로 측정된 유전상수는 1에 가까운 값이다.

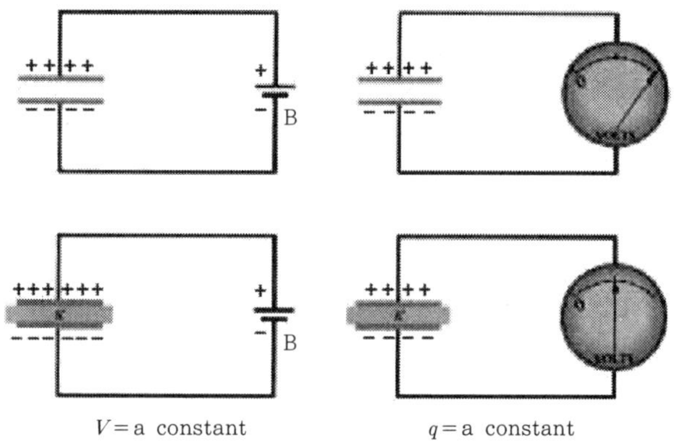

▌그림 2▐ 축전기와 유전체가 삽입된 축전기의 비교

[표 1] 여러가지 물질의 유전율

물 질	유전상수(κ)	유전강도(kV/mm)
진 공	1	-
공 기	1.00054	3
이산화티타늄(titanium dioxide)	100	6
물	78	-
네오프렌(neoprene)	6.9	12
진홍색 운모(ruby mica)	5.4	160
파이렉스 유리(pyrex glass)	4.5	13
변압기용 기름(transformer oil)	4.5	12
용융 석영(fused quartz)	3.8	8
종 이	3.5	14
폴리스티렌(polystyrene)	2.6	25

〈전위계〉

SG-9600 전위계는 굉장히 큰 (10^{14} Ω) 임피던스를 가진 전압계로 전압의 직접 측정과 전류와 전하량의 간접 측정에 사용된다. 이 기구의 큰 임피던스 때문에 정전기 실험의 전하량 측정에 특히 적합하다. 일반적인 금박검전기에 비해 1000배 좋은 감도를 지니고 있으며 전하의 극성을 나타내는 중앙 영점 조절기를 가지고 있다. 또한 10^{-11} 쿨롱 단위의 전하를 측정할 수 있다. 이러한 특징을 이용해 정전기적 실험을 쉽게 수행할 수 있으며 정량적인 데이터를 얻을 수 있다.

실험기구 및 재료

평행 판 축전기, 유전체 물질(유리, 아크릴), 전원장치, 전위계, 콘덴서

실험방법

실험 1 : 평행판 축전기 실험

① 평행판 축전기 양판을 좁히고 육각렌지를 이용해 수평을 맞춘다.

② 평행판 축전기를 최대 간격 16mm정도 벌리고 전위계(Electrometer)를 연결한다.

③ 전위계의 전원을 키고 평행판 축전기와 연결한다.

④ 평행판 축전기 양판을 손으로 살짝 잡고 전위계의 zero 스위치를 눌러 영점을 잡는다. 손을 놓았을 때 영점이 잡히지 않으면 몇 번 반복한다.

⑤ 이제 dc전원 공급기의 전원을 키고 10V로 맞춘다.

⑥ 전원 장치의 +극성과 −극성을 평행판 축전기 양판에 접촉시켜 평행판 축전기에 전하를 띠게 만든다.

⑦ 약 1분 정도 충전한 후에 전위차 값을 전위계로부터 읽고, 전원공급기를 차단하여 축전기를 고립시킨다.

⑧ 고립된 평행판 거리를 2mm 간격으로 좁히면서 전압을 전위계로 측정한다.

⑨ 5회 이상 반복하여 평균값을 구하고, 거리(d)에 따른 전압($V(d)$)을 그래프로 그린다.

(기울기가 전기장이다 $V=Ed$. 이 전기장으로부터 한 평행판에 저장된 전하량을 구할 수 있다. $Q=\varepsilon_0 EA$ 특정한 거리에서 전위를 측정하면 전기용량은 다음과 같이 구할 수 있다. $C(d)=\dfrac{Q}{V(d)}$)

※ **추가실험**: 고정된 거리에서 충전기의 전압을 시간에 따라 측정함으로써 공기 주변과의 저항으로부터 발생하는 시상수(τ_c)를 구해본다. ($Q=Q_0 e^{-\frac{t}{\tau_c}}$)

실험 2 : 유전체를 삽입한 평행판 축전기 실험

① 실험 1의 ①~⑦을 수행한다.

⑧ 그때의 전위차 값을 전위계로부터 읽고 거리와 전위차 값을 기록한다.

A4종이 한 장을 두 평행판 사이에 끼워 넣을 때의 전위변화를 기록한다.

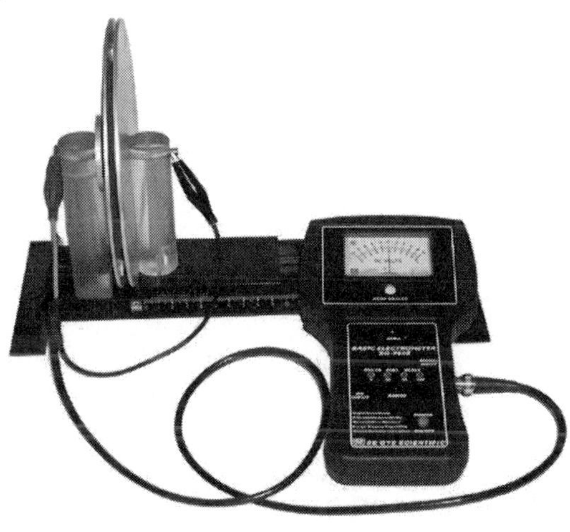

⑨ A4 종이를 삽입한 상태에서 거리를 2mm 간격으로 좁히면서 거리에 따른 전압을 기록한다.

⑩ 5회 이상 반복하여 평균값을 내고 거리에 따른 전압변화($V(d)$)를 그래프로 그린다.

(기울기가 전기장이다. 이 전기장으로부터 한 평행판에 저장된 전하량을 구할 수 있다. $Q=\varepsilon EA$ 특정한 거리에서 전위를 측정하면 전기용량을 구할 수 있다. $C(d)=\dfrac{Q}{V(d)}$)

※ **추가실험**: A4용지를 끼운 상태에서 계속 전압을 일정하게 가해준 경우, 시간에 따른 전위의 변화를 조사하라. 일정하게 유지된 후에 종이를 빼내는 순간의 전위변화도 살펴보아라.

실험 3 : 두 개의 축전기의 등가 전기용량 측정

① 전기용량을 알고 있는 두 개의 충전기의 각각의 전기용량을 측정해라.

② 두 충전기를 직렬과 병렬로 연결한 후의 등가 전기용량을 측정하라.

③ 측정결과와 이론결과와 비교분석하라.

예비 보고서

평행판 축전기의 전기용량 측정

학과		학번		이름		실험조	
실험일시		공동실험자					

1. 실험목적

2. 원리요약(최종 결과식과 측정하는 양들을 중심으로)

3. 실험기구 및 재료

4. 실험방법

결과 보고서

평행판 축전기의 전기용량 측정

학과		학번		이름		실험조	
실험일시		공동실험자					
담당조교							
온도		습도		기압			

1. 측정값

[표 1] 거리에 따른 평행판 축전기의 전기용량 변화

n	충전 전위 V_0(V)	거리, d(cm)	전위 V(V)	측정 시간 t_1(s)	전기 용량, C(μF)	전하량 Q(C)	평행판 도체	
							변수	값
1							Vernier	
2							재질	
3							반지름	
4							면적	
5							진공유전율	
6							충전시 거리	
7							충전시 전기용량	

$$Q = Q_0\, e^{-\frac{t_1}{\tau_c}},\quad V = Ed,\quad Q = CV = \varepsilon_0 EA,\quad E = \frac{\sigma}{\varepsilon_0}$$

[표 2] 거리에 따른 평행판 축전기의 전기용량 변화 (유전체 삽입)

n	충전 전위 V_0(V)	거리, d(cm)	전위 V(V)	측정 시간 t_1(s)	전기 용량, $C(\mu\text{F})$	전하량 Q(C)	평행판 도체	
							변수	값
1							Vernier	
2							재질	
3							반지름	
4							면적	
5							진공유전율	
6							충전시 거리	
7							충전시 전기용량	

$$Q = Q_0\, e^{-\frac{t_1}{\tau_c}},\quad V = Ed,\quad Q = CV = \varepsilon EA,\quad E = \frac{\sigma}{\varepsilon}$$

2. 실험값과 이론값과의 비교

3. 결과 및 토의

1) 거리변화에 따라 전위차 값이 변하는 이유는 무엇인가? (Hint: $Q = CV$)

2) 위 실험에 있어서 결과에 매우 예민하게 작용하는 요인은 무엇이며, 이 요인을 줄일 수 있는 방법을 기술해라.

3) 위의 실험경험이 실제로 적용될 수 있는 예를 들어 보시오.

2-5

Ohm의 법칙확인 실험

실험목적

회로에 가해진 전압을 고정시킨 상태에서 저항변화에 대한 전류변화측정과 저항을 고정시킨 상태에서 전압변화에 대한 전류변화를 측정하여, 옴의 법칙 $V = IR$ 을 확인한다. 또 여러 저항들의 직렬과 병렬연결에 대한 등가저항을 측정해본다.

실험원리

옴의 법칙은 전압과 전류와의 관계로 다음과 같이 기술된다.

$$V = IR = \left(\rho \frac{l}{A}\right) I \quad \cdots\cdots (1)$$

여기서 R 을 저항이라 부르는데, 도선의 비저항과 길이에 비례하고 면적에 반비례한다.

[그림 1]과 같이 세 저항 R_1, R_2, R_3 가 직렬과 병렬로 연결되는 경우, 각각의 등가저항은 다음과 같이 표현된다.

$$R_{등가} = R_1 + R_2 + R_3 : \quad \text{직렬연결} \quad \cdots\cdots (2)$$

$$\frac{1}{R_{등가}} = \frac{1}{R_1} + \frac{1}{R_2} + \frac{1}{R_2} : \quad \text{병렬연결}$$

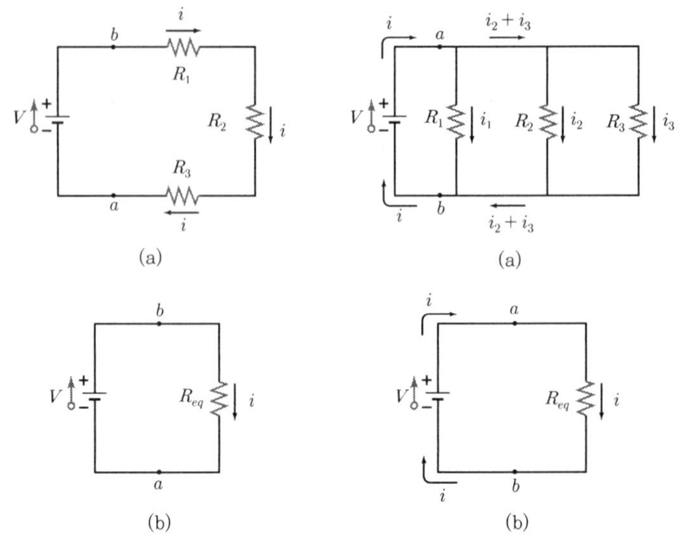

▌그림 1▐ 저항의 직렬과 병렬연결의 등가저항

[그림 2]와 같은 회로에서 미지저항 R_x를 옴의 법칙으로 구해보자.

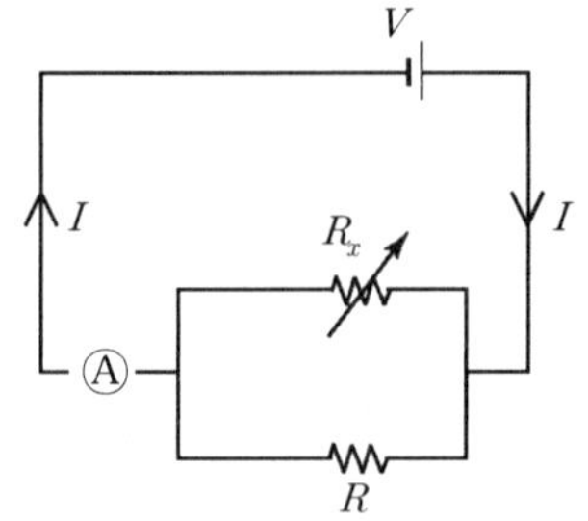

▌그림 2▐ 미지저항 회로도

이 회로도의 등가 저항은 다음과 같다.

$$\frac{1}{R_{eg}} = \frac{1}{R_x} + \frac{1}{R} = \frac{R_x + R}{R_x R}$$

따라서 전류는 다음과 같다.

$$I = \frac{V}{R_{eg}} = \frac{(R_x + R)}{R_x R} V$$

위의 식을 정리하면 R_x 값을 구할 수 있다.

$$\therefore \ R_x = \frac{RV}{RI - V}$$

장치와 방법

[그림 1]과 같이 전류계와 전압계를 연결하여 회로를 설치한다. S_1 은 전원 스위치이고, S_2 는 가변 저항연결 스위치이다. 저항은 이미 알려진 값들로 여러 개가 직렬로 연결되어 있는데 [그림 1]과 같이 전선을 연결하면 저항은 R_1과 R_2가 직렬로 연결된 것이다. 전원은 직류 전원공급장치를 사용해서 원하는 전압을 공급한다.

가변저항이 연결되는 경우에도 전압과 전류를 측정한다. 측정값으로부터 오옴의 법칙으로 가변저항을 구하고, 직접 멀티미터로 측정한 가변 저항값과 비교해본다.

실험방법

〈직렬 회로 실험〉

실험 1. 전압 변화에 대한 전류의 측정(저항이 일정한 경우)

① [그림 2]와 같이 Ohm의 법칙 실험기판에 전류계, 전압계, 전원을 연결한다.

② 테스트기를 사용하여 회로도의 연결 유무를 확인하고, 또 각 저항값들을 측정하여 확인한다. (특히 전류계가 연결되는 부분이 회로가 연결되었는지 테스트기로 확인해본다.)

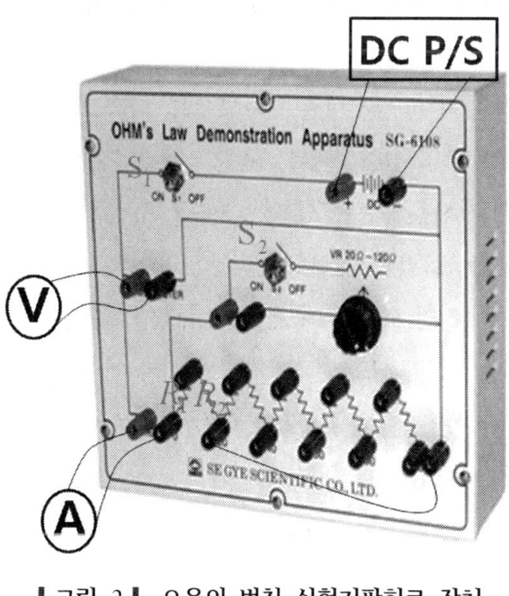

▌그림 2▐ 오옴의 법칙 실험기판회로 장치

③ 리드선을 이용하여 원하는 저항값에 연결한다.(이때 H단자를 옮겨가면서 원하는 저항값에 연결하고, 반대편 단자는 고정되어 있어야 한다)

④ 전원스위치 S_2를 off로 한 다음, Power Supply(PS)를 이용하여 전원을 공급한다.

⑤ Power Supply의 출력전압을 조정하여 회로에 가해지는 전류를 변화시키면서 그 때의 전류와 전압을 측정한다.

⑥ 측정한 값으로부터 전압-전류의 그래프를 그리고, 저항이 일정한가를 확인한다.

실험 2. 저항 변화에 대한 전류의 측정(전압이 일정한 경우)

① Ohm의 법칙 실험기에 전류계, 전압계, 전원을 연결한다.

② 전원스위치 S_1을 on으로 하고 S_2를 off로 한 다음, Power Supply를 이용하여 전원을 **일정하게** 공급한다.

③ 리드선을 10Ω단자에 연결하고 이때의 전류값을 읽고 기록한다.

④ H단자를 20Ω에 옮겨 연결하고 전류값을 기록한다. 이와 같은 방법으로 100Ω까지 측정하고 다시 10Ω씩 줄여가면서 측정한다.

⑤ 측정한 값으로부터 전류-저항의 그래프를 그리고, 전압이 일정한가를 확인한다.

실험 3. 가변저항과 병렬회로 실험

① Ohm의 법칙 실험기에 전류계, 전압계, 전원을 연결한다.

② 전원스위치 S_1과 S_2를 on으로 한 다음, Power Supply를 이용하여 전원을 일정하게 공급한다.

③ 리드선을 이용하여 고정저항을 100Ω으로 하고, 가변저항을 최대치(약 120W)로 조정한 후 이때의 전압, 전류, 고정저항값을 읽고 기록한다.

④ 구성한 회로의 간단한 회로도를 작성하고, 측정된 값으로부터 저항의 병렬연결에서의 미지저항 Rx값을 계산해 낸다.

⑤ Rx단자에 테스터기를 연결하여 가변저항값을 기록한다(이때 스위치 S_1은 Off로 하고, 고정저항 연결 리드선은 제거된 상태이어야 한다)

⑥ 계산결과 나온 가변저항의 Rx값과 테스터기로 측정한 Rx값(이론값)의 오차를 산출한다.

⑦ 가변저항을 변화시켜 위의 실험을 반복한다.

예비 보고서

Ohm의 법칙확인 실험

학과		학번		이름		실험조	
실험일시		공동실험자					

1. 실험목적

2. 원리요약(최종 결과식과 측정하는 양들을 중심으로)

3. 실험기구 및 재료

4. 실험방법

결과 보고서

Ohm의 법칙확인 실험

학과		학번		이름		실험조	
실험일시		공동실험자					
담당조교							

온도		습도		기압	

1. 측정값

실험 1. 전압이 일정한 경우 : 전류-저항 변화

공급전원 전압 = V

	1	2	3	4	5	6	7	8	9
저항(Ω)									
전류(A)									

실험 2. 저항이 일정한 경우 : 전압-전류 변화

일정한 저항 = Ω

	1	2	3	4	5	6	7	8	9
전압(V)									
전류(A)									

실험 3. 가변저항과 병렬연결 (가변저항 계산)

	1	2	3
공급전압(V)			
저항(Ω)			
전류(A)			
계산가변저항(Ω)			
가변저항 측정값(Ω)			

$$R_x = \frac{RV}{RI - V}$$

2. 실험값과 이론값과의 비교

3. 결과 및 토의

1) 실험결과와 이론결과를 비교해서 그 결과에 대한 이유를 기술해라.

2) 위 실험에 있어서 결과에 매우 예민하게 작용하는 요인은 무엇이며, 이 요인을 줄일 수 있는 방법을 기술해라.

3) 위의 실험경험이 실제로 적용될 수 있는 예를 들어 보시오.

2-6 휘스톤브리지를 이용한 미지 저항측정

실험목적

휘스톤브리지 회로를 이해하고, 이 회로를 이용하여 미지 저항을 정밀하게 측정하는 방법을 배운다.

기자재 : 10개의 미지 저항으로 구성되어 있는 미지 저항 세트와 이미 저항값을 알고 있는 저항 세트 5개로 구성된 기지 저항 세트, 검류계, DC 전압공급원, 테스트기

실험원리

[그림 1]은 Wheastone Bridge의 간단한 회로이다.

휘스톤브리지가 평형을 이루어 검류계에 전류가 흐르지 않는다면($V_{BD}=0$), 단자 A-B와 단자 A-D 사이의 전위차와 단자 B-C와 단자 D-C 사이의 전위차는 같다.

즉, $R_1 I_1 = R_3 I_3$, $R_2 I_2 = R_x I_x$ 이다. 검류계에 전류가 흐르지 않기 때문에 경로

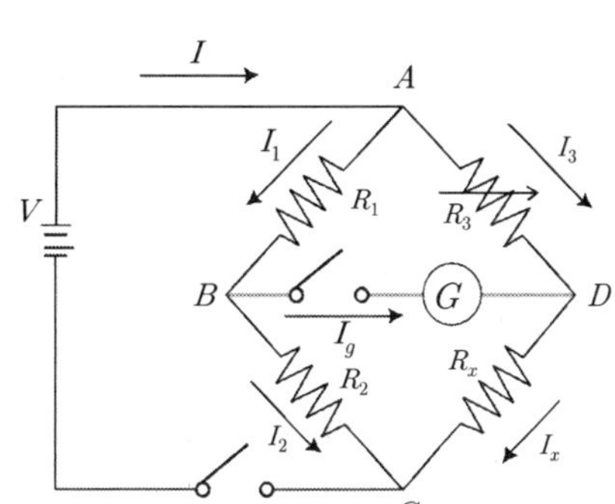

▌그림 1▐ 휘스톤브리지회로

ABC에 흐르는 전류도 같고($I_1 = I_2$), 경로 ADC에 흐르는 전류도 같다($I_3 = I_x$).

위의 조건들을 이용하면 $R_1 I_2 = R_3 I_x$이고, 다음과 같은 식이 얻어진다.

$$\frac{R_2}{R_1} = \frac{R_x}{R_3} \quad \text{또는} \quad R_x = \frac{R_2}{R_1} R_3$$

그러므로 미지저항 R_x는 R_1, R_2를 측정함으로써 계산될 수 있다(R_3는 기지저항). 본 실험에서는 저항 R_1, R_2에 해당하는 부분을 저항선으로 대체하여 사용한다. 다음 그림은 길이 L, 단면적 A인 저항선을 나타낸다.

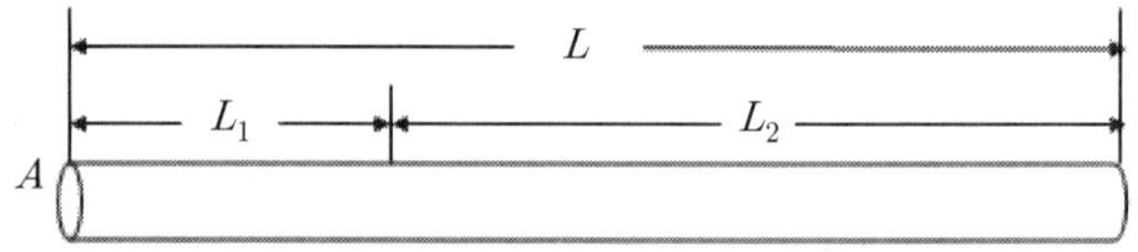

저항은 면적에 반비례하고 길이에 비례하므로 $R = \rho \frac{L}{A}$를 만족한다(ρ : 비저항). 길이 L_1인 저항 R_1과 길이 L_2인 저항 R_2인 경우는 다음과 같다.

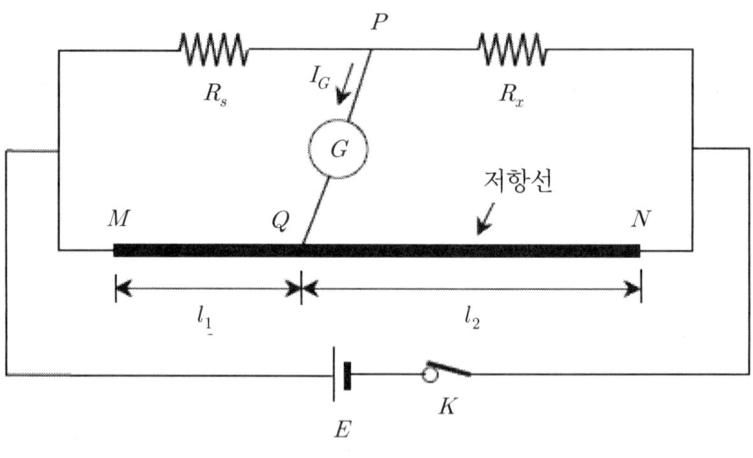

$R_1 = \rho \frac{L_1}{A}$, $R_2 = \rho \frac{L_2}{A}$ 그러므로 $\frac{R_1}{R_2} = \frac{L_1}{L_2}$이다. 따라서

$$R_x = R_S \left(\frac{R_1}{R_2} \right) = R_S \left(\frac{L_1}{L_2} \right) \quad (R_S \text{는 기지저항})$$

실험방법

① 미지저항의 저항값을 읽고 기록한다(실험결과와 비교하기 위해서).

② 직류전원의 스위치가 열린 상태에서 미지저항 1개를 포함한 회로를 완성하여 아래 그림과 같이 실험장치 한다.

③ 직류전압을 6V 정도 가해준다. 전류가 흐르는 방향을 감안하여 측정 리드선을 좌우로 조금씩 이동하면서, 검류계에 전류가 흐르지 않는 위치를 찾는다(검류계에 과도한 전류가 흐르지 않도록 주의한다).

④ 검류계에 전류가 흐르지 않으면, l_1과 l_2를 측정, 기록한다.

⑤ 기지 저항의 R을 바꾸어서 ③을 반복한다.

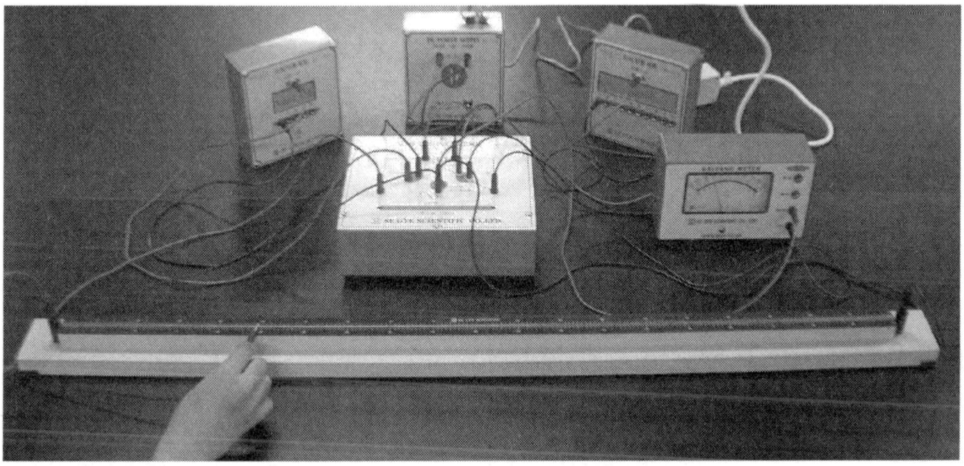

▌그림 2▐ 휘스톤브리지 회로 실험장치

※ 저항선의 면적과 길이, 테스기를 사용해서 저항을 측정하여 비저항을 계산해본다.

$$R = \rho \frac{L}{A} \Rightarrow \rho = \frac{RA}{L} [\Omega\,\mathrm{m}]$$

예비 보고서

휘스톤브리지를 이용한 미지 저항측정

학과		학번		이름		실험조	
실험일시		공동실험자					

1. 실험목적

2. 원리요약(최종 결과식과 측정하는 양들을 중심으로)

3. 실험기구 및 재료

4. 실험방법

결과 보고서

휘스톤브리지를 이용한 미지 저항측정

학과		학번		이름		실험조	
실험일시		공동실험자					
담당조교							
온도		습도		기압			

1. 측정값

기지저항 : $R_3 =$ Ω

	1	2	3	4	5
기지저항 $R_3(\Omega)$					
미지저항 $R_x(\Omega)$ 측정					
R_1 의 길이 l_1(cm)					
R_2 의 길이 l_2(cm)					
미지저항 $R_x(\Omega)$ 계산					

저항선의 비저항 측정 : $\rho = R\frac{A}{l}$ (Ωm)

선 두께 (cm)	선길이 (cm)	선저항 (Ω)	비저항 $\rho(\Omega\text{m})$

비저항 $\rho(\Omega\text{m})$:

구리 (1.7×10^{-8}), 알루미늄 (2.82×10^{-8}), 텅스텐 (5.6×10^{-8}),
철 (10×10^{-8}), 납 (22×10^{-8}), 니크롬 (1.5×10^{-6}),
탄소 (3.5×10^{-5}), 게르마늄 (0.46), 실리콘 (640),
유리 $(10^{10}\sim10^{14})$

2. 실험값과 이론값과의 비교

3. 결과 및 토의

1) 실험결과와 이론결과를 비교해서 그 결과에 대한 이유를 기술해라.

2) 위 실험에 있어서 결과에 매우 예민하게 작용하는 요인은 무엇이며, 이 요인을 줄일 수 있는 방법을 기술해라.

3) 위의 실험경험이 실제로 적용될 수 있는 예를 들어 보시오.

2-7

도선전류가 생성한 자기장 측정

실험목적

전류가 흐르는 직선도선, 원형도선, 솔레노이드의 주위에 생기는 자기장의 세기를 테슬라미터를 사용해서 거리에 대하여 측정하여 이론적인 계산결과와 비교해본다.

실험원리

도선에 흐르는 전류가 생성하는 자기장의 세기는 비오-사바르 법칙이나 암페어 법칙을 사용해서 구할 수 있다. [그림 1]과 같이 전류 I가 흐르는 직선도선의 자기장($B_{직선}$), 원형도선의 자기장($B_{원형}$), 솔레노이드의 자기장($B_{솔레노이드}$) 세기는 다음과 같이 주어진다.

$$B_{직선} = \frac{\mu_0 I}{2\pi r}, \quad B_{원형} = \frac{\mu_0 I}{2}\frac{R^2}{\left(R^2+r^2\right)^{3/2}}, \quad B_{솔레노이드} = \mu_0 n I \quad \cdots\cdots (1)$$

여기서 n은 단위 길이당 감긴 코일수이고 $\mu_0 = 4\pi\times 10^{-7}\ T\cdot m/A$는 진공에서의 투자율이다.

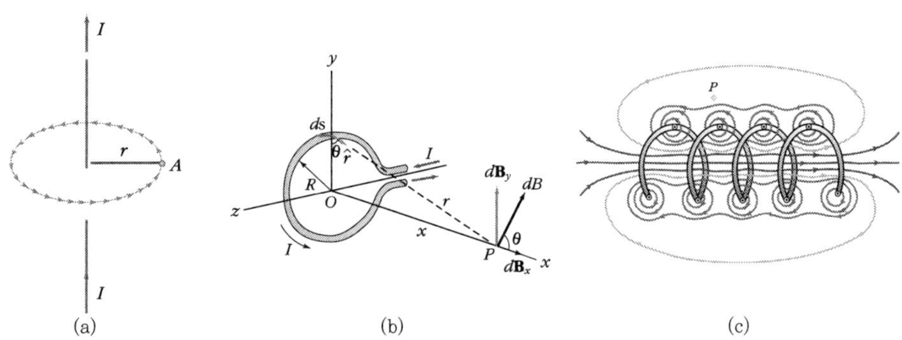

▌그림 1▐ (a) 직선도선, (b) 원형도선, (c) 솔레노이드

장치와 방법

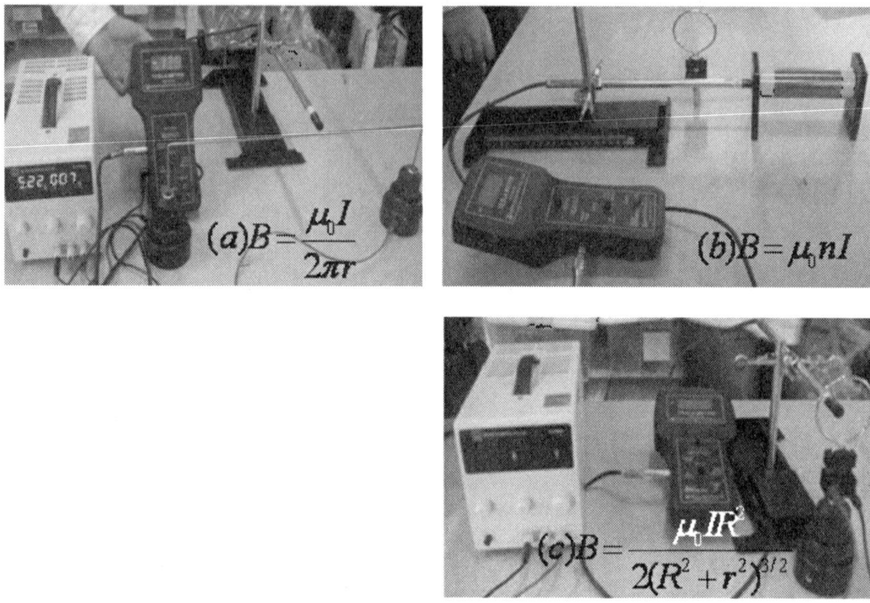

▌그림 2▐ 도선주위의 자기장 세기 측정 장치 : 테슬라미터기의 수평성분과 수직성분 측정센서들을 이용한다. (a) 무한 직선, (b) 솔레노이드, (c) 원형도선

[그림 2]와 같이 도선들에 전원공급장치를 연결하여 전류를 공급한다. 그러면 도선 주위에 자기장이 발생되는데, 테슬라미터를 눈금이 새겨진 직선형 레일에 설치하여 발생된 자기장을 거리에 따라 측정하여 이론값과 비교하는 실험장치이다.

실험방법

실험 1. 직선도선의 자기장 세기 측정

① 직선도선에 전원이 off 상태로 직류전원공급을 연결한다.

② 직선도선의 중심에 **접선봉센서**를 맞추고 눈금이 새겨진 직선형 이동레일에 고정한다. 이 때 접선봉 끝에 있는 반도체센서를 직선도선 중앙에 놓이도록 설치한다.

③ 테슬라미터를 20mT 범위에 놓고 영점조정스위치를 누른다.

④ 전원장치의 전원을 on 한 후, 전류를 2.5 A 정도로 일정하게 공급하여 직선도선 주위에 자기장을 발생시킨다. 전류값을 기록한다.

⑤ 접선봉을 직선도선 중심에서 멀리 이동시키면서 거리에 따른 자기장의 세기를 기록한다.

⑥ 측정값들과 이론식인 식 (1)을 동시에 그래프에 그리고 비교한다.

실험 2. 원형도선의 자기장 세기 측정

① 직선도선을 원형도선으로 대체하여 실험 [1]의 ①~⑤를 반복한다.

② 원형도선의 경우 접선봉센서 대신 **축봉센서**를 원형도선 중심에 맞추고, 중심에서 멀리 이동시키면서 거리에 따른 자기장의 세기를 기록한다.

③ 측정값들과 이론식인 식 (1)을 동시에 그래프에 그리고 비교한다.

실험 3. 솔레노이드의 자기장 세기 측정

① 솔레노이드 코일의 규격인 길이(l), 감긴 수밀도($n = N/l$), 반지름(R)을 측정하여 기록한다.

② 실험 [1]의 ①~⑥을 수행하되, 솔레노이드의 원중심을 통과하는 대칭축을 따라 솔레노이드 내부와 외부에서 위치에 따른 자기장을 **축봉센서**를 사용해서 측정하고, 이론식인 식 (1)과 비교한다. 또 대칭축이 아닌 곳의 자기장을 측정하여 균일한가를 확인해본다.

예비 보고서

도선전류가 생성한 자기장 측정

학과		학번		이름		실험조	
실험일시		공동실험자					

1. 실험목적

2. 원리요약(최종 결과식과 측정하는 양들을 중심으로)

3. 실험기구 및 재료

4. 실험방법

결과 보고서

도선전류가 생성한 자기장 측정

학과		학번		이름		실험조	
실험일시		공동실험자					
담당조교							
온도		습도		기압			

1. 측정값

실험 1. 직선도선의 자기장 측정

전 류 : A

간격 r (cm)									
자기장 (mT)									

$B_{\text{직선}} = \dfrac{\mu_0 I}{2\pi r}$ 그래프를 동시에 그려서 비교하라!

실험 2. 원형도선의 자기장 측정

전 류 : A

간격 r (cm)									
자기장 (mT)									

$B_{\text{원형}} = \dfrac{\mu_0 I}{2} \dfrac{R^2}{\left(R^2 + r^2\right)^{3/2}}$ 그래프를 동시에 그려서 비교하라!

실험 3. 솔레노이드의 자기장 측정

전 류 : A

솔레노이드 : 길이= cm, 잠긴 수 밀도= 회, 반지름= cm

간격 r (cm)						0					
자기장 (mT)											

$B_{솔레노이드} = \mu_0 n I$ 그래프를 동시에 그려서 비교하라!

$B_{솔레노이드외부} = B_{솔레노이드}(0) + \frac{n\mu_0 I}{2}\frac{R^2}{(R^2+r^2)^{3/2}}$ 근사치를 사용해보라!

2. 실험값과 이론값과의 비교

3. 결과 및 토의

1) 실험결과와 이론결과를 비교해서 그 결과에 대한 이유를 기술해라.

2) 위 실험에 있어서 결과에 매우 예민하게 작용하는 요인은 무엇이며, 이 요인을 줄일 수 있는 방법을 기술해라.

3) 위의 실험경험이 실제로 적용될 수 있는 예를 들어 보시오.

2-8

지구자기장의 수평성분 측정

실험목적

헬름홀츠 코일과 나침반을 이용하여 지구의 자기장을 측정한다.

먼저 테슬라미터를 이용하여 헬름홀츠 코일에서 자기장의 세기분포를 알아보고, 헬름홀츠 코일 중앙에서 나침반의 방향을 ±45°로 편향시키는 헬름홀츠 코일이 발생시키는 자기장의 세기로부터 지구자기장의 수평성분을 측정한다.

실험원리

지구 자기장의 방향은 지표면에 수평성분과 지구 중심을 향하는 수직성분으로 나누어진다. 본 실험은 지자기의 수평성분의 크기를 측정하는 것이다. [그림 1]과 같이 외부에 자기장이 존재하지 않으면 나침반은 지구자기장(B_E) 의 수평방향에 놓인다. 외부에서 지자기장의 수직방향으로 자기장을 가해주어 나침반이 +45°가 되게 하는 자기장($B_H^{\pm}$) 을 측정하면, 지자기장의 세기는 다음과 같이 얻어진다.

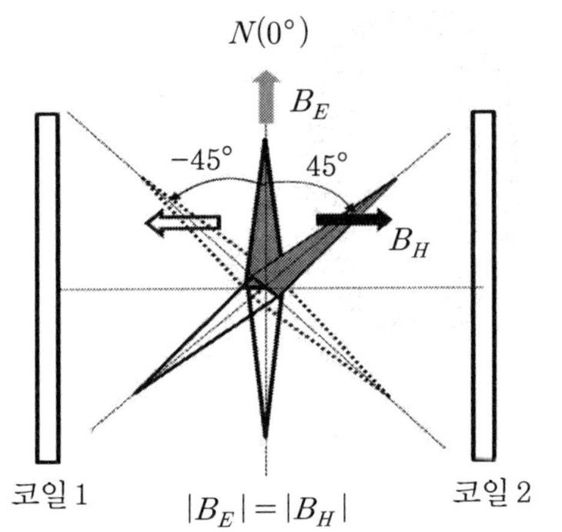

| 그림 1 | 지자기장의 수평성분 측정 장치

$$|B_H^{\pm}| = |B_E| \quad \cdots\cdots (1)$$

따라서 본 실험은 나침반을 ±45° 편향시키는 자기장의 세기를 측정하면 된다.

외부에서 가해주는 자기장($B_H^{\pm}$) 세기는 헬름홀츠 코일을 이용해서 생성시키는데, 코일에 흘려주는 전류의 세기를 변화시켜 자기장의 세기를 조절할 수 있다.

▶ 헬름홀츠 코일의 자기장 세기

헬름홀츠 코일의 구조는 [그림 2]와 같이 동일한 두 코일이 서로 코일의 반경 R 만큼 떨어져 마주보고 있는 구조이다. 본 실험의 경우 나침반은 헬름홀츠 코일 중앙에 위치한다. 따라서 헬름홀츠 코일사이의 중앙($R/2$)에서의 자기장의 세기를 계산하는 것이 지자기장의 수평성분의 세기를 측정하는 것이다.

전류 I가 흐르는 반경 R인 원형도선에서의 자기장은 다음과 같이 주어진다.

$$B(r) = \frac{\mu_0 I}{2} \frac{R^2}{(R^2 + r^2)^{3/2}} \quad \cdots\cdots (2)$$

여기서 μ_0는 진공중의 투자율이고 $\mu_0 = 4\pi \times 10^{-7}(\mathrm{T \cdot m/A})$이다.

따라서 헬름홀츠 코일의 중앙($R/2$)에서의 자기장의 세기(B_H)는 다음과 같이 주어진다.

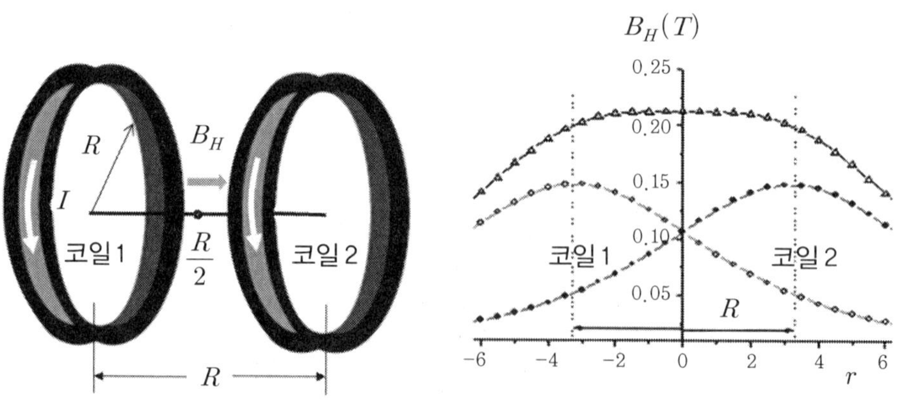

▌그림 2▌ (a) 헬름홀츠 코일의 구조와 (b) 자기장의 세기($N = 120$회, $R = 15.2\mathrm{cm}$)

$$B_H\left(\frac{R}{2}\right)=\frac{\mu_0 N I R^2}{2}\left(\frac{1}{(R^2+(\frac{R}{2})^2)^{3/2}}+\frac{1}{(R^2+(R-\frac{R}{2})^2)^{3/2}}\right)=0.716\frac{\mu_0 N I}{R}$$

.... (3)

두 코일에 흐르는 전류의 방향은 같은 방향이다. 자기장의 세기분포는 [그림 2(b)]에서처럼 중앙에서는 일정한 세기의 자기장을 갖는 것을 알 수 있는데, 일반적으로 솔레노이드 보다는 넓은 범위에서 균일한 자기장이 생성된다. 또한 헬름홀츠 코일의 자기장의 세기는 전류량의 조절로 결정한다.

실험기구

헬름홀츠 코일(SG-9602T), 센서이동트랙(SG-9111-1), 테슬라메타(SG-9115), 직류안정화 전원장치(SG-P305D), 멀티미터 또는 전류계, 버니어캘리퍼스

▌그림 3▌ 지구자기장의 수평성분 측정 장치

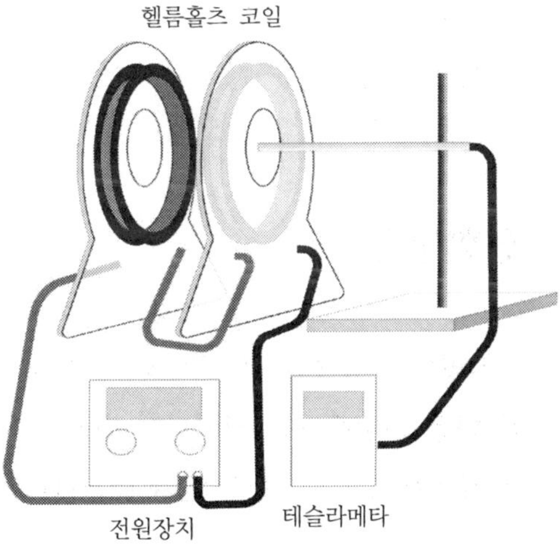

▌그림 4▌ 헬름홀츠 코일 내의 자기장측정 장치

장치와 방법

▶ **헬름홀츠의 자기장의 공간분포조사 :**

1) 코일의 중심점을 연결하는 축(X)을 따라 두 코일 사이의 중앙위치까지 거리에 따른 자기장세기를 측정한다.
2) 두 코일 사이의 중앙위치에서 수직축(Z) 방향으로 거리에 따른 자기장세기를 측정한다.
3) 그래프를 그려본다.

▶ **실험에 이론적용 :**

4) 코일에 전류가 없는 상태에서 코일 내에 놓여 있는 나침반의 N극이 두 코일의 중심연결선에 수직이 되도록 헬름홀쯔 코일의 방향을 정한다.
5) 이 상태에서 코일에 전류를 걸어주어서 코일 내에 자기장을 형성시켜 나침반의 N극이 45도 편향시키는 전류를 읽는다.
6) 전류의 방향을 바꾸어 −45도 편향시키는 전류를 읽는다. 이 두 전류의 평균값에 대한 헬름홀츠의 자기장을 이론식으로부터 계산한다.
7) 이 자기장의 세기가 지자기의 수평 성분값에 해당한다.

실험방법

코일이 서로 마주보는 방향(x−축)과 나침반의 남북 자기방향이 수직하게 위치시킨 다음 실험을 실시한다. 첫 번째로 헬름홀츠코일 구조에서의 중앙에서의 자기장의 세기를 전류 변화에 따라 테슬라미터기로 측정한다.

실험 1. 전류변화에 따른 헬름홀츠코일 중앙에서의 자기장 변화

① [그림 4]와 같이 장치를 설치한다.
② 헬름홀츠코일 중앙에 테슬라미터센서를 위치시킨다.
③ 테슬라메타의 전원을 키고 범위를 20 mT에 맞추고 영점조절 다이얼을 돌려 영점을 잡는다.

④ DC전원장치의 전류를 증가시키면서 그때의 자기장 값을 측정하여라.

⑤ 측정된 자기장 값을 식 [3]에 의한 이론값과 비교한다.

실험 2. X-축 Z-축 공간적인 자기장 분포

① [그림 4]와 같이 장치를 설치한다.

② 테슬라미터센서를 한 쪽 코일에서 헬름홀츠코일 중앙으로 이동시키면서 (x-축 방향) 자기장을 측정한다. 식 (2)의 값과 비교한다.

③ 테슬라미터센서를 헬름홀츠코일의 중심에서 z-축 방향으로 약간씩 벗어나게 하면서 자기장을 측정한다.

④ 측정된 자기장의 값을 이용해 헬름홀츠코일에서의 공간적인 자기장 형성을 이해한다.

실험 3. 지구 자기장의 수평성분 측정

① [그림 3]과 같이 헬름홀츠코일에 전류가 없는 상태에서 코일 내에 놓여 있는 나침반의 N극이 두 코일의 중심연결선(X-축)에 수직이 되도록 헬름홀츠코일의 방향을 정한다.

② 이 상태에서 코일에 전류를 걸어주어서 코일 내에 자기장을 형성시켜 나침반의 N극이 45도 편향시키는 전류를 읽는다.

③ 전류의 방향을 바꾸어 -45도 편향시키는 전류를 읽는다. 두 전류의 평균값에 대한 헬름홀츠의 자기장을 이론식으로부터 계산한다.

④ 위의 결과로 지구 자기장의 수평성분을 구한다.

첫 번째로 헬름홀츠 코일 구조에서의 중앙에서의 자기장의 세기를 전류 변화에 따라 테슬라미터기로 측정한다.

예비 보고서

지구자기장의 수평성분 측정

학과		학번		이름		실험조	
실험일시		공동실험자					

1. 실험목적

2. 원리요약(최종 결과식과 측정하는 양들을 중심으로)

3. 실험기구 및 재료

4. 실험방법

결과 보고서

지구자기장의 수평성분 측정

학과		학번		이름		실험조	
실험일시		공동실험자					
담당조교							
온도		습도		기압			

1. 측정값

[표 1] 헬름홀츠 코일 중앙에서의 자기장 변화

$N=$ 회, $R=$ cm

	1	2	3	4	5	6
전류(A)						
자기장(mT)						

$$B_{이론}(\frac{R}{2}) = 0.716\frac{\mu_0 NI}{R}$$

[표 2] 헬름홀츠 코일에 흐르는 전류가 생성한 헬름홀츠 내의 자기장 측정

n	x-축방향 x(cm)	자기장 (mT)		z-축방향 z(cm)	자기장(mT)	
		측정값	계산값		측정값	계산값
1						
2						
3						
4						
5						
6						
7						
8						
9						
10						
11						
12						
13						
14						
15						

[표 3] 지구 자기장의 수평성분 측정

<table>
<tr><th rowspan="2">n</th><th colspan="2">45°로 편향시키는 헬름홀츠의 전류</th><th rowspan="2">평균전류
$I_{av}(A)$</th><th rowspan="2">수평
지자기장,
$B_H(mT)$</th><th rowspan="2">자기장의
크기,
$B_E(mT)$</th><th rowspan="2">평균
지자기장,
$B_E(mT)$</th></tr>
<tr><th>$+I(A)$</th><th>$-I(A)$</th></tr>
<tr><td>1</td><td></td><td></td><td></td><td></td><td rowspan="5">0.02~0.07</td><td rowspan="5"></td></tr>
<tr><td>2</td><td></td><td></td><td></td><td></td></tr>
<tr><td>3</td><td></td><td></td><td></td><td></td></tr>
<tr><td>4</td><td></td><td></td><td></td><td></td></tr>
<tr><td>5</td><td></td><td></td><td></td><td></td></tr>
</table>

헬름홀츠의 자기장세기 : $B_H = 0.716\frac{\mu_0 NI}{R} = B_E,\ I_{av} = \frac{(+I)-(-I)}{2}$

2. 실험값과 이론값과의 비교

3. 결과 및 토의

1) 실험결과와 이론결과를 비교해서 그 결과에 대한 이유를 기술해라.

2) 위 실험에 있어서 결과에 매우 예민하게 작용하는 요인은 무엇이며, 이 요인을 줄일 수 있는 방법을 기술해라.

3) 위의 실험경험이 실제로 적용될 수 있는 예를 들어 보시오.

2-9

전자의 비전하 측정

실험목적

균일한 자기장 속에 자기장의 수직 방향으로 전하가 입사되는 경우, 자기장의 세기와 전하의 속도를 조절하여 전하를 원운동하게 할 수 있다. 이 경우에 원운동의 반경을 측정하여, 전자의 질량과 전하의 비인 비전하 $\frac{|e|}{m_e}$ 를 측정한다.

실험원리

균일한 자기장 속에서 자기장에 수직방향으로 입사하는 전하의 운동을 살펴보자.

e 로 대전된 입자가 자기장 B 속에서 속도 v 로 움직이는 경우, 입자에 작용하는 자기력은 다음과 같다.

$$\vec{F} = e\vec{v} \times \vec{B} \quad \cdots\cdots (1)$$

자기력은 자기장의 방향과 전하의 속도에 수직방향으로 [그림 1]에서처럼 항상 원의 중심을 향하게 된다. 이 때 자기력은 구심력이 된다.

$$F = evB = \frac{m_e v^2}{r} \quad \cdots\cdots (2)$$

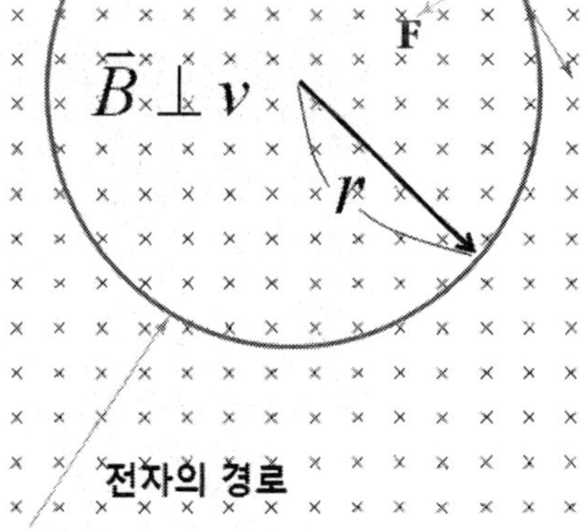

▌그림 1▐ 균일한 자기장 속에서 원운동하는 음전하

식 (2)를 통해 비전하량의 관계식을 얻는다.

$$\frac{e}{m_e} = \frac{v}{Br} \quad \cdots\cdots (3)$$

장치와 방법

비전하량의 측정은 식 (3)에서처럼 전하의 속력, 자기장 세기, 회전 반경을 측정하면 얻을 수 있다.

본 실험에서 균일한 자기장은 헬름홀츠 코일로 만들어 내고, 전하입자는 음극선관을 이용해서 전자총으로 만들어 낸다. 따라서 전하를 원운동시키는 자기장은 앞장 실험에서 측정했듯이 헬름홀츠 코일에 의해서 만들어지고, 그 세기는 감긴 코일 수와 반경 및 전류의 세기로 결정된다.

$$B = 0.716 \frac{\mu_0 N I}{R} \quad \cdots\cdots (4)$$

코일의 규격은 $N = 120$ 회와 반경 $R = 15.2\,\text{cm}$이다.

▌그림 2▌ 헬름홀츠 코일과 음극선관의 전자빔을 관찰하는 장치

전자의 속력은 전자총의 가속전압 V_0 으로부터 구할 수 있다. 즉, 전기위치에너지(eV_0)가 전자의 운동에너지로 전환된다.

$$\frac{1}{2}m_e v^2 = eV_0 \quad \Rightarrow \quad v = \sqrt{\frac{2eV_0}{m_e}} \qquad \cdots\cdots (5)$$

식 (5)를 식 (3)에 대입하면 전자의 비전하는 다음과 같이 주어진다.

$$\frac{|e|}{m_e} = \frac{2V_0}{B^2 r^2} \qquad \cdots\cdots (6)$$

[그림 2]와 같이 헬름홀츠 코일과 음극선관에서 전자빔을 관찰하는 장치에서 전자의 원운동의 반경 r 을 측정하면 식 (6)으로부터 비전하량을 얻을 수 있다.

실험방법

① 전자의 비전하 측정장치의 전원들을 [그림 2]와 같이 연결한다.

② 음극선관의 필라멘트에 고정된 6.3V의 교류전원을 가하여 가열하여 전자들을 방출시킨다.

③ 직류전압인 전자의 가속전압(50~100V 정도)을 증가시켜서 전자빔이 관측되도록 전압을 조절한다.

④ 헬름홀츠 코일에 전원공급장치를 통해 전류를 가하면서 전자빔이 회전운동 하도록 조절한다.

⑤ 전자빔의 회전운동의 반경을 읽어 기록한다. 전자빔을 내는 램프가 헬름홀츠 코일의 자기장과 수평이 되지 않으면 나선형의 운동을 한다. 이 경우 램프를 돌려서 수평이 되도록 조절한다.

⑥ 전류를 변화시키면서 실험 ④~⑤실험을 반복 시행한다.

⑦ 얻은 결과로 식 (3)을 이용해서 비전하량을 계산한다.

[참고] $m_e = 9.11 \times 10^{-31}\,\mathrm{kg}$; $e = -1.6 \times 10^{-19}\,C$; $\frac{|e|}{m_e} = 1.76 \times 10^{11}\,\mathrm{C/kg}$

예비 보고서

전자의 비전하 측정

학과		학번		이름		실험조	
실험일시		공동실험자					

1. 실험목적

2. 원리요약(최종 결과식과 측정하는 양들을 중심으로)

3. 실험기구 및 재료

4. 실험방법

결과 보고서

전자의 비전하 측정

학과		학번		이름		실험조	
실험일시		공동실험자					
담당조교							
온도		습도		기압			

1. 측정값

[표 1] 전자의 비전하 측정

헬름홀츠 코일 : $N=$ 회, $R=$ cm

		측정값	이론값	상대오차
헬름홀츠 코일	코일전류, I (A)			
	자기장, B (mT)			
CRT	가속전압, V (V)			
	전자빔 반경, r (cm)			
전자	비전하, $\frac{\lvert e\rvert}{m}$ (C/kg)		$\left(\frac{\lvert e\rvert}{m}\right)_{이론}$ $=1.76\times10^{11}$	

2. 실험값과 이론값과의 비교

3. 결과 및 토의

1) 실험결과와 이론결과를 비교해서 그 결과에 대한 이유를 기술해라.

2) 위 실험에 있어서 결과에 매우 예민하게 작용하는 요인은 무엇이며, 이 요인을 줄일 수 있는 방법을 기술해라.

3) 위의 실험경험이 실제로 적용될 수 있는 예를 들어 보시오.

2-10

패러데이 유도법칙

실험목적

두 코일을 이용하여 변압기원리를 이해한다. 코일1에 다양한 형태의 교류전압을 가해주어 코일2에 자속의 변화를 유도한다. 이 자속의 변화로 코일2에 발생되는 전압의 변화를 코일1의 입력전압과 비교하여 살펴본다.

실험원리

[그림 1]과 같이 도선고리에 자석을 접근시키면 도선에 전류가 흐르게 되는데, 이것을 자기유도현상이라 한다. 이 때 도선에 유도되는 기전력을 유도기전력이라 부르며, 유도기전력의 세기(ε)는 도선고리의 단면적을 통과하는 자기선속(Φ_B)의 시간변화율에 비례하는 **패러데이의 유도법칙**으로 설명된다.

$$\varepsilon = -\frac{d\Phi_B}{dt} \qquad (1)$$

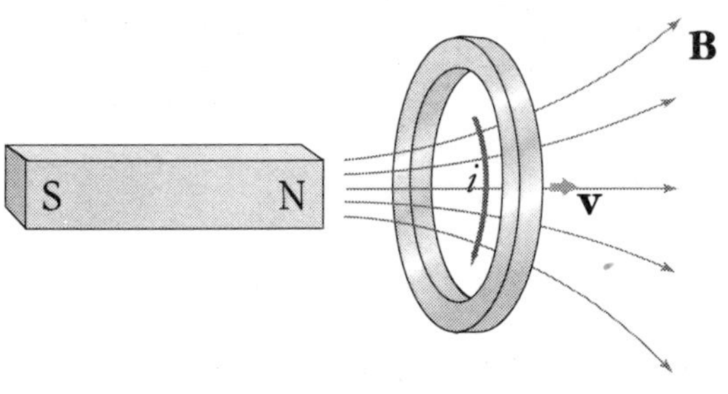

❙그림 1❙ 자석 N극에 도선고리를 멀어지게 하면 도선의 자속변화를 줄이는 방향으로 전류가 흐른다.

이 식의 음의 부호는 전류의 방향이 자속의 변화를 줄이는 방향으로 기전력이 유도되는 **렌츠의 법칙**을 설명하고 있다.

코일에 전류를 흐르게 하면 코일은 전자석이 된다. 또 코일에 주기적으로 전류의 방향이 변하는 교류전류를 흐르게 하면 마치 자석이 회전하는 것처럼 자석의 극이 주기적으로 바뀌게 된다. 교류전류(I_1)가 흐르는 코일(코일1) 주위에 다른 코일(코일2)을 가져가면 코일2에 자속의 변화가 생겨 유도기전력이 생긴다. 유도기전력은 유도되는 코일2의 단면적($A_2 = \pi r_2^2$)과 감긴 코일수(N_2)에 비례한다. 코일1에서 생성되는 자기장의 세기는 $B_1 = \mu_0 N_1 I_1 / l_1$이고, 코일2에 유도되는 기전력($V_2$)은 다음과 같이 기술된다.

$$V_2 = -N_2 \frac{d\Phi_B}{dt} = -N_2 \frac{d(B_1 A_2)}{dt} = -N_2 \frac{d(\mu_0 N_1 I_1 A_2)}{l_1 dt} = -\mu_0 \frac{N_1 N_2 A_2}{l_1}\left(\frac{dI_1}{dt}\right) \quad \cdots\cdots (2)$$

전류의 변화율 $\left(\frac{dI_1}{dt}\right) = \left(\frac{dV_1}{R_1 dt}\right)$은 오실로스코프의 파형을 관찰함으로써 쉽게 얻어지며, 코일1의 보호저항 R_1은 멀티미터기로 측정한다.

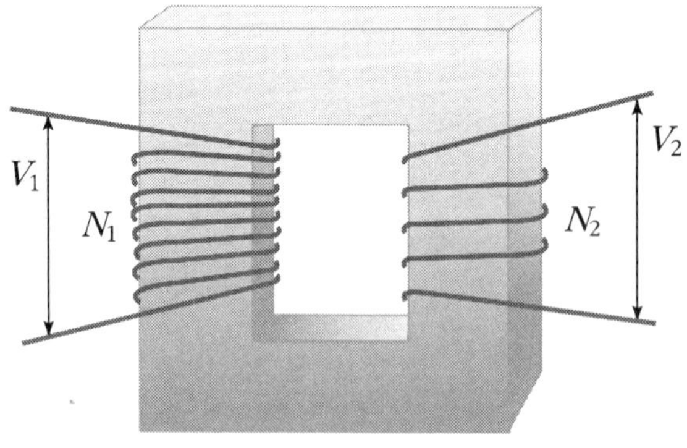

▌그림 2▌ 변압기 내부의 철심. 코일1에 자속의 변화로 인하여 코일2에 유도기전력을 발생시킨다.

장치와 방법

[그림 3]처럼 장치를 설치하여 코일1에 교류파형발생기를 사용해서 전압의 변화를 유도할 수 있다. 교류파형으로는 주로 삼각파형, sine파형, 구형파(⎍)들이 사용된다.

- 삼각파의 경우 전압의 기울기는 음과 양의 값으로 크기가 같고 부호가 다른 값을 갖게 됨으로, 코일2에 유도되는 기전력의 형태는 계단모양(⎍)으로 주어진다.
- 코일1에 sine 파형의 전압이 공급되면 코일2에 유도되는 유도기전력의 파형은 cosine파형임을 오실로스코프로 쉽게 확인할 수 있다.
- 계단(⎍)모양의 구형파가 공급되면 어떤 파형의 유도기전력이 발생할지 확인해 보시오!

2차 코일의 종류(면적이나 감긴 코일 수)를 바꿔가며 유도기전력의 변화도 찾아보아라.

[그림 4(b)]의 오실로스코프는 채널A에 함수발생기의 신호(삼각파형)를 출력신호로 보여준다. 채널B는 코일1에 삼각파형에 의해서 유도되는 자속의 변화로 인하여 코일2에 유도되는 기전력의 변화신호(계단모양)를 보여준다. [그림 4(c)]는 함수발생기의 신호가 코일1에 유도되는 신호를 채널A에 출력신호로 보여준다. 채널B는 코일1에 의해서 유도되는 자속의 변화로 코일2에 유도되는 기전력의 변화신호를 보여준다. 두 경우에 나타나는 입력신호와 출력신호의 파형의 변화를 실펴보고, 이론적으로 예측한 결과와 비교해보라.

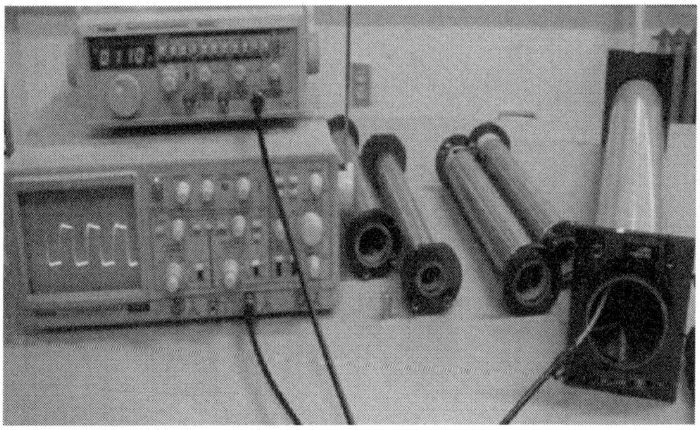

그림 3 변압기 측정 실험장비

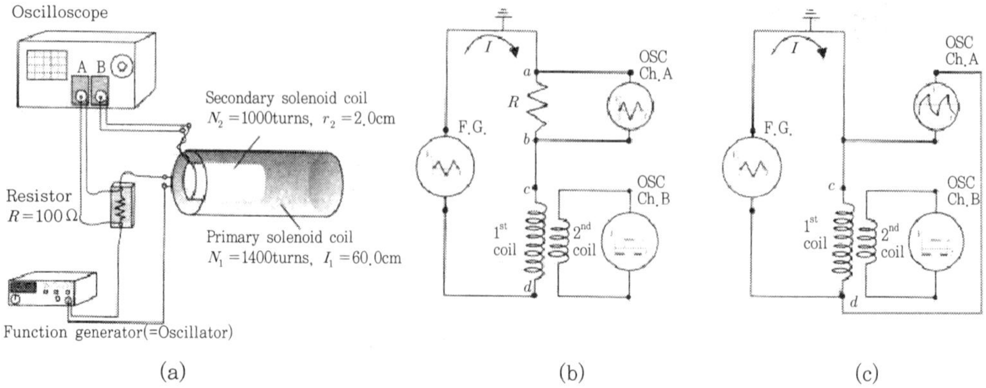

❚ 그림 4 ❚ 두 개의 솔레노이드로 구성된 변압기

실험방법

실험 1. 코일1의 교류전류가 코일2에 유도되는 기전력 : 보호저항기사용

① [그림 4(b)]와 코일1(솔레노이드1)에 함수발생기를 연결하고, 코일2(솔레노이드2)를 코일1 속에 집어넣는다. 보호저항기를 코일1과 직렬로 연결한다.

② 오실로스코프 채널A에 보호저항기(R_1)의 출력신호를 받아들이고, 채널B에는 코일2의 출력신호를 받아들이도록 리드선을 사용해서 회로도를 연결한다. 멀티미터기로 보호저항 R_1을 측정한다.

③ 코일1에 공급되는 교류파형발생기의 주파수(f_1)를 측정하고 채널A에 피크전압이 $V_1(=4.0\,V)$되도록 조절한다. 입력파형을 기록하여 둔다.

④ 보호저항에 유도되는 전류의 변화율은 [그림 5]에서 처럼 다음과 같이 주어진다.

$$dV/dt \simeq \Delta V/\Delta t = \frac{2\times V_1}{1/(f_1\times 2)} = 4V_1 f_1\,[V/s] = \frac{R_1 dI_1}{dt}$$

⑤ 코일2에 유도되는 출력전압을 채널B에 연결하여 파형을 관측하고, 전압의 피이크값(V_2)과 주파수(f_2)를 측정한다. 유도되는 전압의 크기가 식 (2)의 결과와 비교해 본다.

⑥

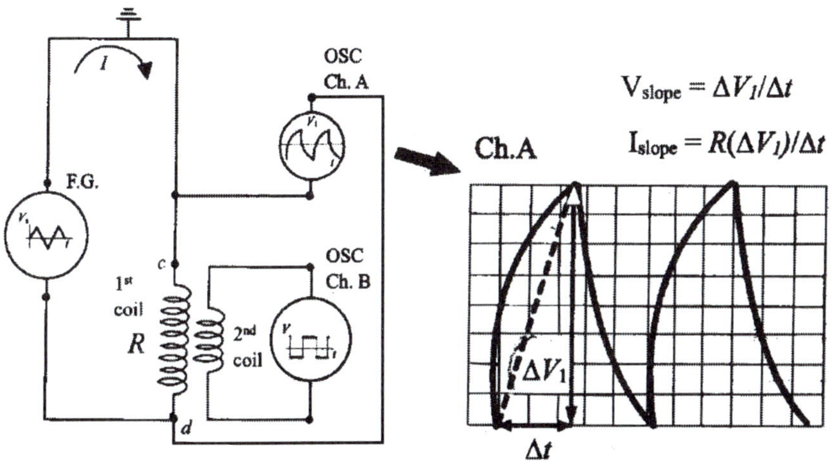

▌그림 5▌ 변압기의 유도전압실험

실험 2. 코일1의 교류전류가 코일2에 유도되는 기전력

① 실험 1 장치에서 보호저항기를 분리하여 코일1에 함수발생기를 연결하고, 오실로스코프의 채널1에 직접 연결한다. 코일1의 저항(R_1)을 디지털미터기로 측정한다.

② 교류발생기의 입력파형과 주파수(f_1)를 측정하고 채널A에 피크전압이 $V_1(=4.0\,V)$ 되도록 조절한다. 채널B에는 코일2의 출력신호를 받아들이도록 리드선을 사용해서 회로도를 연결한다.

③ 코일1의 출력파형은 함수발생기의 입력신호와 달라진다. [그림 5]는 삼각파형의 입력신호가 [그림 5(b)]와 같은 출력파형으로 나타남을 보여준다. 왜 그럴까요? 이 경우 코일1에 흐르는 전류의 변화율은 다음과 같이 주어진다.

$$dV/dt \simeq \frac{\Delta V_1}{\Delta t} = \frac{R_1 \Delta I_1}{\Delta t}$$

④ 코일2에 유도되는 출력전압을 채널B에 연결하여 파형을 관측하고, 전압의 피이크값(V_2)과 주파수(f_2)를 측정한다. 유도되는 전압의 크기가 식 (2)의 결과와 비교해 본다.

⑤ 함수발생기의 입력파형을 달리하여 각각의 출력파형을 관찰하고, 그의 관계를 기술하라.

* 위의 장치는 무선 충전기(wireless charger)의 원리로써 새로운 장치로 디자인 해보아라. (기능성과 경제적 등의 디자인적인 면에서 가장 유의해야 할 점은 무엇인가?)

예비 보고서

패러데이 유도법칙

학과		학번		이름		실험조	
실험일시		공동실험자					

1. 실험목적

2. 원리요약(최종 결과식과 측정하는 양들을 중심으로)

3. 실험기구 및 재료

4. 실험방법

결과 보고서

패러데이 유도법칙

학과		학번		이름		실험조	
실험일시		공동실험자					
담당조교							
온도		습도		기압			

1. 측정값

[표 1] 변압기에서 유도전압 측정 : 보호저항기 사용

<table>
<tr><td colspan="2"></td><td colspan="5">1차 코일</td><td></td><td>2차 코일</td></tr>
<tr><td colspan="2">감긴 수, N_1</td><td colspan="5"></td><td>감긴 수, N_2</td><td></td></tr>
<tr><td colspan="2">길이, l_1(cm)</td><td colspan="5"></td><td>길이, l_2(cm)</td><td></td></tr>
<tr><td colspan="2">감긴 수밀도, n_1(회/m)</td><td colspan="5"></td><td>감긴 수밀도, n_2(회/m)</td><td></td></tr>
<tr><td colspan="2">코일 반경, R_1(m)</td><td colspan="5"></td><td>코일 반경, R_2(m)</td><td></td></tr>
<tr><td rowspan="4">입력 피크 전압</td><td>주피수 $f(Hz)$</td><td colspan="5"></td><td rowspan="4">출력 전압</td><td></td></tr>
<tr><td>함수발생기</td><td></td><td rowspan="3">전류변화율</td><td></td><td rowspan="3">파형</td><td></td><td></td></tr>
<tr><td>보호저항</td><td></td><td></td><td></td><td></td></tr>
<tr><td>채널 A</td><td></td><td></td><td></td><td></td></tr>
<tr><td colspan="8" rowspan="2">이론적 유도전압 : $V_2 = -\frac{d\Phi}{dt} = -\frac{\mu_o \pi r_2^2 N_1 N_2}{l_1}\left(\frac{dI_1}{dt}\right) = -\frac{\mu_o \pi r_2^2 N_1 N_2}{l_1}\left(\frac{dV_1}{dt}\right)\frac{1}{R_1}$
코일2 출력 고일1 출력(시 2)</td><td></td></tr>
<tr><td></td></tr>
</table>

[표 2] 변압기에서 유도전압 측정

<table>
<tr><td colspan="2"></td><td colspan="5">1차 코일</td><td></td><td>2차 코일</td></tr>
<tr><td colspan="2">감긴 수, N_1</td><td colspan="5"></td><td>감긴 수, N_2</td><td></td></tr>
<tr><td colspan="2">길이, l_1(cm)</td><td colspan="5"></td><td>길이, l_2(cm)</td><td></td></tr>
<tr><td colspan="2">감긴 수밀도,
n_1(회/m)</td><td colspan="5"></td><td>감긴 수밀도,
n_2(회/m)</td><td></td></tr>
<tr><td colspan="2">코일 반경, R_1(m)</td><td colspan="5"></td><td>코일 반경, R_2(m)</td><td></td></tr>
<tr><td rowspan="4">입력
피크
전압</td><td>주파수
$f(Hz)$</td><td colspan="5"></td><td rowspan="4">출력 전압</td><td></td></tr>
<tr><td>함수발생기</td><td></td><td rowspan="3">전
류
변
화
율</td><td></td><td rowspan="3">파
형</td><td></td><td></td></tr>
<tr><td>코일1 저항</td><td></td><td></td><td></td><td></td></tr>
<tr><td>코일2 저항</td><td></td><td></td><td></td><td></td></tr>
<tr><td colspan="8" rowspan="2">이론적 유도전압 : $V_2 = -\frac{d\Phi}{dt} = -\frac{\mu_o \pi r_2^2 N_1 N_2}{l_1}\left(\frac{dI_1}{dt}\right)$
$= -\frac{\mu_o \pi r_2^2 N_1 N_2}{l_1}\left(\frac{dV_1}{dt}\right)\frac{1}{R_1}$
코일2 출력 코일1 출력(식 2)</td><td></td></tr>
<tr><td></td></tr>
</table>

2. 실험값과 이론값과의 비교

3. 결과 및 토의

1) 실험결과와 이론결과를 비교해서 그 결과에 대한 이유를 기술해라.

2) 위 실험에 있어서 결과에 매우 예민하게 작용하는 요인은 무엇이며, 이 요인을 줄일 수 있는 방법을 기술해라.

3) 위의 실험경험이 실제로 적용될 수 있는 예를 들어 보시오.

2-11 교류회로 : RLC, RL, RC 회로의 임피던스

실험목적

저항, 코일, 콘덴서로 구성된 교류회로에서 전원의 주파수에 따른 전압과 전류의 특성들을 이해하고, 직렬 R-L-C회로들의 임피던스를 살펴본다.

실험원리

교류회로에서는 직류회로와는 다르게 전압과 전류가 시간에 따라 변한다. 교류에서의 전압과 전류는 다음과 같이 표현할 수 있다.

$$V(t) = V_0 \sin(\omega t) \quad \cdots\cdots (1)$$

$$I(t) = I_0 \sin(\omega t + \phi)$$

여기서 V_0와 I_0는 전압과 전류의 최대값이며, $\omega = \frac{2\pi}{T} = 2\pi f$로 표시되는 각진동수이고, f는 주파수이며 ϕ는 전압에 대한 전류의 위상이다.

[그림 1] 회로에서 R, L, C에 걸리는 전압 V_R, V_L, V_C는 다음과 같다.

저항에 걸리는 전압의 위상은 교류전원의 위상과 같기 때문에 $\phi = 0$로 하자.

$$V_R = IR = RI_0 \sin(\omega t) \equiv V \sin(\omega t) \quad \cdots\cdots (2)$$

$$V_L = L\frac{dI}{dt} = \omega L I_0 \cos(\omega t)$$

$$= \omega L I_0 \sin\left(\omega t + \frac{\pi}{2}\right) \equiv V_{LM} \sin\left(\omega t + \frac{\pi}{2}\right) \quad \cdots\cdots (3)$$

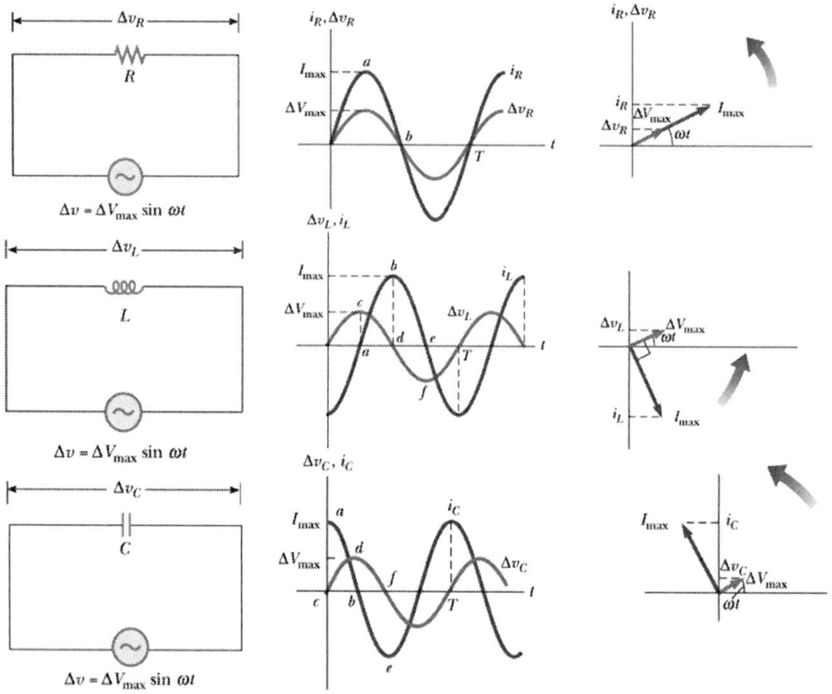

▌그림 1▐ RLC 회로의 전압과 위상과의 관계

$$V_C = \frac{1}{C}\int dq = \frac{1}{C}\int I dt = -\frac{I_0}{\omega C}\cos(\omega t)$$

$$= \frac{I_0}{\omega C}\sin(\omega - \frac{\pi}{2}) \equiv V_{CM}\sin(\omega - \frac{\pi}{2}) \quad \cdots\cdots (4)$$

V_L과 V_C는 V_R에 대해 각각 $\pi/2$와 $-\pi/2$의 위상차가 난다. 각 회로에서 전압간의 위상관계는 [그림 2]에 나타나있다.

RLC회로인 경우 회로의 전체 전압은 다음과 같다.

$$V_{RLC} = V_R + V_L + V_C \equiv V_M \sin(\omega t + \psi) \quad \cdots\cdots (5)$$

여기서 ψ는 교류회로의 위상각이다.

이 경우 **임피던스**(Z_{RLC})는 다음과 같이 정의된다. $V_{RLC} \equiv I_0 Z_{RLC}$

여기서 회로의 총 교류전압의 최대값은 다음과 같이 표현된다.

$$V_{RLC} = \sqrt{V^2 + (V_{LM} - V_{CM})^2} = I_0 Z_{RLC} \quad \cdots\cdots (6)$$

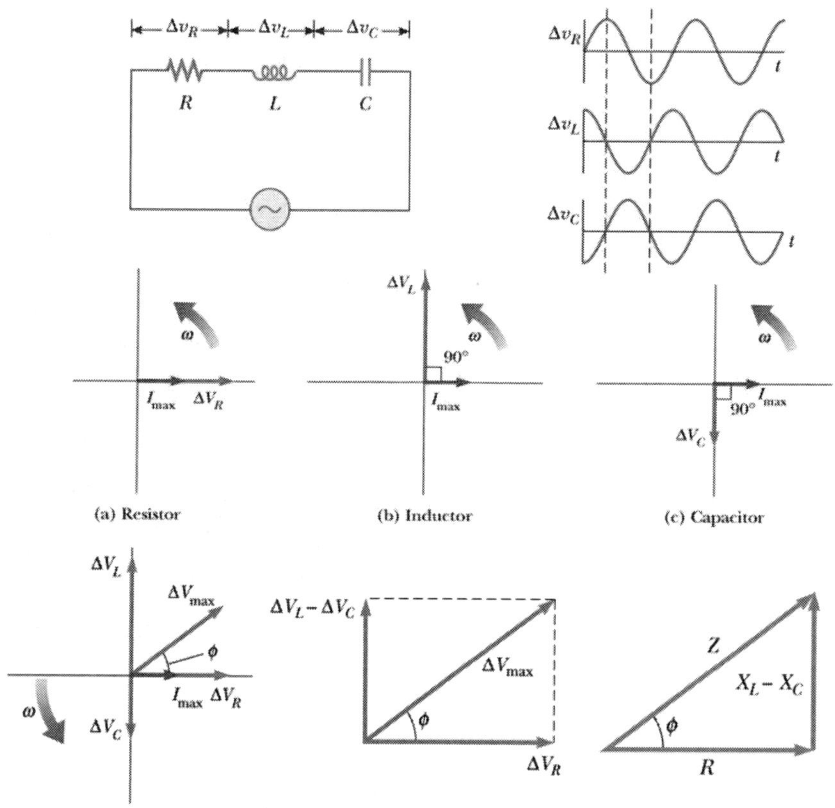

| 그림 2 | RLC 회로의 임피던스와 위상관계

따라서 임피던스와 위상은 다음과 같이 주어진다.

$$Z_{RLC} = \sqrt{R^2 + (\omega L - \frac{1}{\omega C})^2} \equiv \sqrt{R^2 + (X_L - X_C)^2}\ ,$$

$$\psi = \tan^{-1}\left(\frac{R}{X_L - X_C}\right) \quad \cdots\cdots (7)$$

여기서 X_L와 X_C는 저항에 해당하며 인덕트의 리액턴스와 컨덴서의 리액턴스라 부른다.

L의 단위는 Henry(H)이고 C는 Farad(F)이다. 위의 결과는 [그림 2]에 나타나 있다.

본 실험에서는 RL, RC, RLC회로의 경우 각 소자의 전압 ($V_R(f,I)$, $V_L(f,I)$, $V_C(f,I)$), 전체 소자의 전압 ($V_{RL}(f,I)$, $V_{RC}(f,I)$, $V_{RLC}(f,I)$)과 각 회로의 임피던스와 위상 ($Z(f,I)$, $\psi(f,I)$)들을 조사해 본다.

실험기구

RLC 회로판, 디지털 멀티미터, 함수발생기, 오실로스코프, 저항, 콘덴서, 코일

▌그림 3▐ RLC 회로판

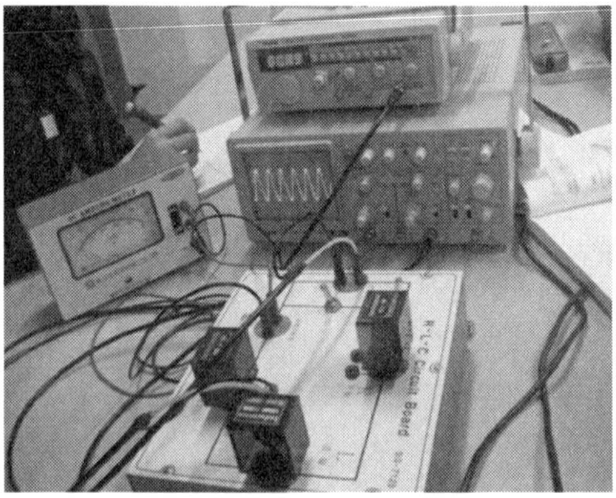

▌그림 4▐ RLC 회로 설치

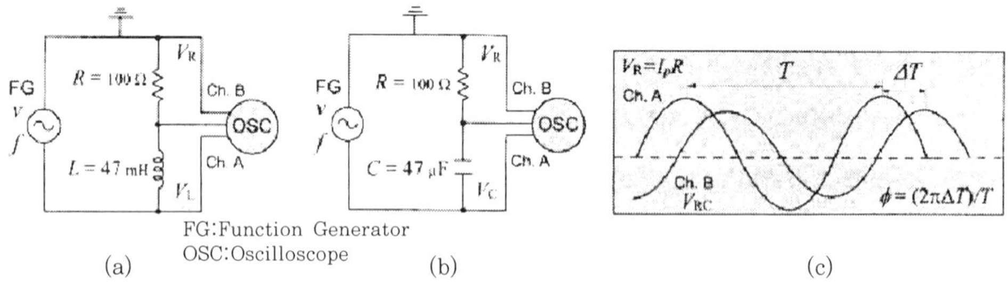

▌그림 5▐ (a) R-L와 (b) R-C 직렬회로의 임피던스와 위상차 측정 장치도

실험방법

실험 1. R-L 회로

① [그림 6(a)]와 같이 회로판에 도선들을 각 부분에 연결하여 R-L 회로도를 연결한다.

② 함수발생기를 통해서 출력전압 2.0V로 고정하고, <u>진동수 f 를 변화시키면서</u> 전압 $V_{RL}(f)$, $V_R(f)$, $V_L(f)$, 전류 I를 측정한다. [도표 2-1]

③ [그림 5]처럼 오실로스코프의 채널1과 채널2의 접지를 하나로 연결하여 저항의 한 쪽에 접지시킨다. 채널1은 V_R에 걸리는 신호를 읽어 들이고, 채널2는 V_{RL} 신호를 읽어 두 신호의 시간차이 Δt_{RL}를 읽어 위상차를 확인한다. $\left(\psi = \frac{2\pi}{T}\Delta t_{RL}\right)$

④ 진동수를 1.0kHz로 고정하고 출력전압을 변화시키면서 실험 ②를 반복한다.

⑤ $V_{RL}(I)$, $V_R(I)$, $V_L(I)$의 그래프에서 기울기를 읽어 각 소자들의 리액턴스와 임피던스를 구해본다. 식 (7)에서 구해진 임피던스와 비교한다. [도표 2-2]

실험 2. R-C 회로

① [그림 6(b)]와 같이 회로판에 도선들을 각 부분에 연결하여 R-C 회로도를 연결한다.

② 함수발생기를 통해서 출력전압 2.0V로 고정하고 진동수 f 를 변화시키면서 전압 $V_{RC}(f)$, $V_R(f)$, $V_C(f)$, 전류 I를 측정한다. [도표 3-1]

③ [그림 5]처럼 오실로스코프의 채널1과 채널2의 접지를 하나로 연결하여 저항의 한 쪽에 접지시킨다. 채널1은 V_R에 걸리는 신호를 읽어 들이고, 채널2는 V_{RC}신호를 읽어 두 신호의 시간차이 Δt_{RC}를 읽어 위상차를 확인한다. $\left(\psi = \frac{2\pi}{T}\Delta t_{RC}\right)$

④ 진동수를 1.0kHz로 고정하고 출력전압을 변화시키면서 실험 ②를 반복한다.

⑤ $V_{RC}(I)$, $V_R(I)$, $V_C(I)$의 그래프에서 기울기를 읽어 각 소자들의 리액턴스와 임피던스를 구해본다. 식 (7)에서 구해진 임피던스와 비교한다. [도표 3-2]

실험 3. R-L-C 회로

① [그림 3]과 [그림 4] 같이 RLC 회로판에 도선들을 각 부분에 연결하여 회로도를 연결한다.

② 함수발생기를 통해서 출력전압 2.0V로 고정하고 진동수 f 를 바꾸어가면서 [그림 2]에서처럼 전압 $V_{RLC}(f)$, $V_R(f)$, $V_L(f)$, $V_C(f)$, 전류 I를 측정한다. [도표 3-1]

③ $V_{RLC}(f)$, $V_R(f)$, $V_L(f)$, $V_C(f)$, $Z(f)$의 그래프를 그려서 공명주파수를 찾아보고, 각 소자전압들의 특성들을 살펴본다. [도표 3-1]

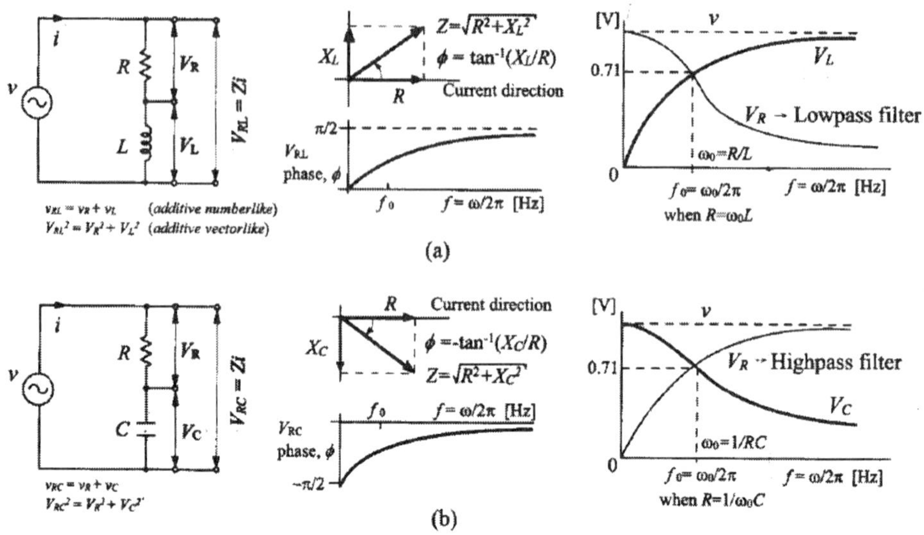

▌그림 6▐ R-L, R-C 직렬 교류회로들의 임피던스와 위상관계

④ 오실로스코프의 채널1과 채널2의 접지를 하나로 연결하여 저항의 한 쪽에 접지시킨다. 정해진 출력전압과 주파수들에서 채널1은 V_R에 걸리는 신호를 읽어 들이고, 채널2는 V_{RL}, V_{RLC}신호를 읽어 두 신호의 시간차이 Δt_{RL}, Δt_{RLC}를 읽어 각각의 위상차를 확인한다. $\left(\psi = \dfrac{2\pi}{T}\Delta t_{RLC}\right)$ [도표 3-3]

⑤ 진동수를 1.0kHz로 고정하고 출력전압을 변화시키면서 실험 ②를 반복한다. 출력전압은 전류의 변화와 같다. ($V_R = IR$)

⑥ $V_{RLC}(I)$, $V_R(I)$, $V_L(I)$, $V_C(I)$, $Z(I)$의 그래프를 그려서 각 소자전압들의 특성들을 살펴본다. 그리고 식 (3)과 (4)을 이용해서 그래프의 기울기를 통해서 각 소자들의 리액턴스와 임피던스를 구해본다. [도표 3-2]

⑦ 실험결과로부터 임피던스와 위상 Z_{RLC}, ψ를 식 (7)을 이용해서 구한다.

예비 보고서

교류회로 : R-L-C, R-L, R-C 회로의 특성

학과		학번		이름		실험조	
실험일시		공동실험자					

1. 실험목적

2. 원리요약(최종 결과식과 측정하는 양들을 중심으로)

3. 실험기구 및 재료

4. 실험방법

결과 보고서

교류회로 : R-L-C, R-L, R-C 회로의 특성

학과		학번		이름		실험조	
실험일시		공동실험자					
담당조교							
온도		습도		기압			

1. 측정값

실험 1. R-L 회로

[표 1-1] 전압 고정 : $R=$ Ω, $L=$ H, $I=$ mA

f(kHz)	V_R(V)	V_L(V)	V_{RL}(V)	Z_{RL}	$Z_{이론}$	ψ(°)

T(s)		Δt_{RL}(s)	ψ_{RL}	$\psi_{RL} = \frac{2\pi}{T}\Delta t_{RL}$

[표 1-2] 주파수 고정 : $R=$ Ω, $L=$ H, $f=$ Hz

I(mA)	V_R (V)	V_L (V)	V_{RL} (V)	Z_{RL}	$Z_{이론}$	ψ (°)
T(s)		Δt_{RL} (s)	ψ_{RL}	$\psi_{RL} = \frac{2\pi}{T}\Delta t_{RL}$		

$V_{RL} = I_0 Z_{RL}$, $Z_{이론} = \sqrt{R^2 + (\omega L)^2}$, $\psi = \tan^{-1}(\frac{R}{\omega L})$

실험 2. R-C 회로

[표 2-1] 전압 고정 : $R=$ Ω, $C=$ F, $I=$ mA

f(kHz)	V_R(V)	V_C(V)	V_{RC}(V)	Z_{RC}	$Z_{이론}$	ψ(°)
T(s)		Δt_{RC}(s)	ψ_{RC}	$\psi_{RC}=\frac{2\pi}{T}\Delta t_{RC}$		

[표 2-2] 주파수 고정 : $R=$ Ω, $C=$ F, $f=$ Hz

I(mA)	V_R(V)	V_C(V)	V_{RC}(V)	Z_{RC}	$Z_{이론}$	ψ(°)
T(s)		Δt_{RC}(s)	ψ_{RC}	$\psi_{RC}=\frac{2\pi}{T}\Delta t_{RC}$		

$V_{RC}=I_0 Z_{RC}$, $Z_{이론}=\sqrt{R^2+(1/\omega C)^2}$, $\psi=\tan^{-1}(\omega RC)$

실험 3. R−L−C 회로

[표 3−1] 전압 고정 : $R=$ 　　　Ω,　$L=$ 　　　H,　$C=$ 　　　F,　$I=$ 　　mA

	f(kHz)	V_R(V)	V_L(V)	V_C(V)	V_{RLC}(V)	Z_{RLC}	$Z_{이론}$	ψ(°)
1								
2								
3								
4								
5								
6								
7								
8								
9								
10								

$$V_{RLC} = I_0 Z_{RLC}, \quad Z_{이론} = \sqrt{R^2 + (\omega L - \frac{1}{\omega C})^2}, \quad \psi = \tan^{-1}\left(\frac{R}{\omega L - \frac{1}{\omega C}}\right)$$

[표 3-2] 주파수 고정 : $R=$ Ω, $L=$ H, $C=$ F, $f=$ Hz

	I(mA)	V_R(V)	V_L(V)	V_C(V)	V_{RLC}(V)	Z_{RLC}	$Z_{이론}$	ψ(°)
1								
2								
3								
4								
5								
6								
7								
8								
9								
10								

[표 3-3] 주파수 고정: $R=$ Ω, $L=$ H, $C=$ F

<table>
<tr><th>I(mA)</th><th>f(Hz)</th><th>V_R(V)</th><th>V_{RL}(V)</th><th>V_{RLC}(V)</th><th>Z_{RLC}</th><th>$Z_{이론}$</th><th>ψ(°)</th></tr>
<tr><td></td><td></td><td></td><td></td><td></td><td></td><td></td><td></td></tr>
<tr><td>T(s)</td><td rowspan="2">$\psi_{RL}=\frac{2\pi}{T}\Delta t_{RL}$</td><td>$\Delta t_{RL}$(s)</td><td>$\psi_{RL}$</td><td rowspan="2">$\psi_{RLC}=\frac{2\pi}{T}\Delta t_{RLC}$</td><td>$\Delta t_{RLC}$(s)</td><td>$\psi_{RLC}$</td><td></td></tr>
<tr><td></td><td></td><td></td><td></td><td></td><td></td></tr>
<tr><td></td><td></td><td></td><td></td><td></td><td></td><td></td><td></td></tr>
<tr><td>T(s)</td><td rowspan="2">$\psi_{RL}=\frac{2\pi}{T}\Delta t_{RL}$</td><td>$\Delta t_{RL}$(s)</td><td>$\psi_{RL}$</td><td rowspan="2">$\psi_{RLC}=\frac{2\pi}{T}\Delta t_{RLC}$</td><td>$\Delta t_{RLC}$(s)</td><td>$\psi_{RLC}$</td><td></td></tr>
<tr><td></td><td></td><td></td><td></td><td></td><td></td></tr>
<tr><td></td><td></td><td></td><td></td><td></td><td></td><td></td><td></td></tr>
<tr><td>T(s)</td><td rowspan="2">$\psi_{RL}=\frac{2\pi}{T}\Delta t_{RL}$</td><td>$\Delta t_{RL}$(s)</td><td>$\psi_{RL}$</td><td rowspan="2">$\psi_{RLC}=\frac{2\pi}{T}\Delta t_{RLC}$</td><td>$\Delta t_{RLC}$(s)</td><td>$\psi_{RLC}$</td><td></td></tr>
<tr><td></td><td></td><td></td><td></td><td></td><td></td></tr>
</table>

2. 실험값과 이론값과의 비교

3. 결과 및 토의

1) 실험결과와 이론결과를 비교해서 그 결과에 대한 이유를 기술해라.

2) 위 실험에 있어서 결과에 매우 예민하게 작용하는 요인은 무엇이며, 이 요인을 줄일 수 있는 방법을 기술해라.

3) 위의 실험경험이 실제로 적용될 수 있는 예를 들어 보시오.

2-12

경계면에서의 빛의 성질

실험목적

간단한 광학기구를 통해 다른 물체 사이의 경계면에서 빛의 반사와 굴절을 알아보고 파동의 기하학을 이해한다. 반사의 법칙, 굴절(스넬)법칙, 전반사, 반사편광과 분산현상 등을 살펴본다.

실험원리

▸ **굴절률의 정의 :**

물질의 굴절률은 다음과 같이 정의 된다.

$$n = \frac{c}{v} = \frac{\lambda_0 f_0}{\lambda f} = \frac{\lambda_0}{\lambda} \quad \cdots\cdots\cdots\cdots\cdots (1)$$

여기서 c와 λ_0는 진공에서 빛의 속력과 파장이고 v와 λ는 매질에서 빛의 속력과 파장이다. 따라서 진공 외의 매질의 굴절률은 항상 1 보다 크고, 파장의 길이는 짧을수록 굴절률이 커진다.

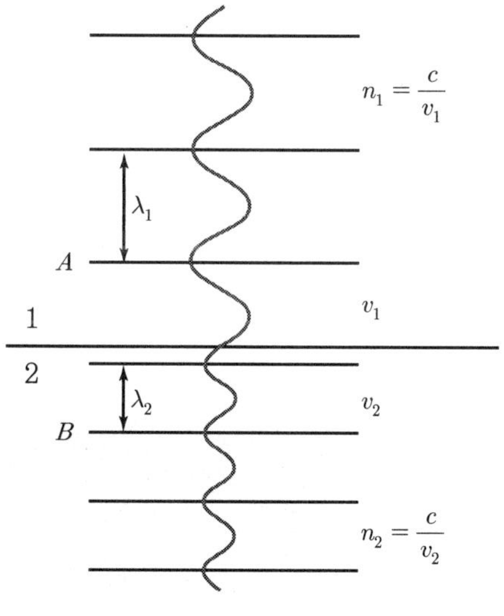

▌그림 1▌ 빛의 굴절(투과)

▸ **반사와 굴절 법칙 :**

빛은 다른 매질을 만나면 반사와 굴절현상이 일어난다. 굴절현상은 매질에서 빛의 속력이 달라지기 때문에 일어나는 현상이다. 빛에 대한 페르마의 원리를 이용하면 입사각과 반사각과의 관계와 입사파와 굴절파와의 관계를 얻을 수 있다.

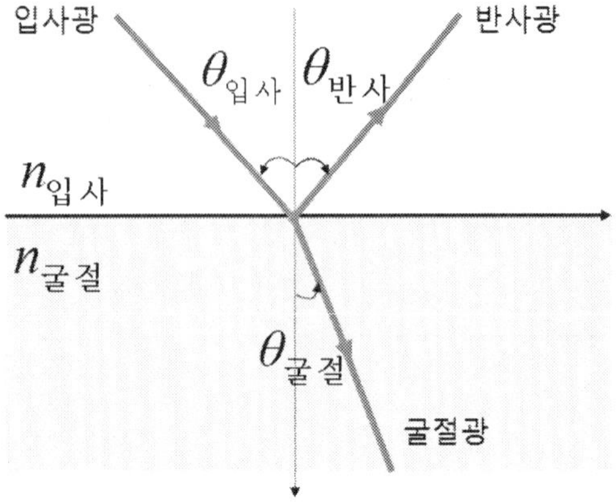

그림 2 빛의 반사와 굴절

$$\text{반사법칙}: \theta_{입사각} = \theta_{반사각} \qquad \cdots\cdots (2)$$

$$\text{스넬법칙}: n_{입사} \sin\theta_{입사각} = n_{굴절} \sin\theta_{반사각}$$

여기서 입사각은 [그림 2]에서처럼 경계면에 수직인 법선(점선으로 표시)을 중심으로 입사파, 반사파, 굴절파와의 각도를 나타낸다.

▸ 분산현상 :

여러 파장의 길이를 갖는 파들로 이루어진 백색광이 매질에서 굴절되는 경우, 식 (1)에서처럼 파장이 짧을수록 굴절률이 커진다. 따라서 굴절각은 굴절률이 클수록 굴절각이 작아지므로 백색광의 파장들은 분리되어 짧은 파장이 아래쪽에 위치하는 스펙트럼으로 나타난다. 이 현상을 분산이라 한다. ([그림 3])

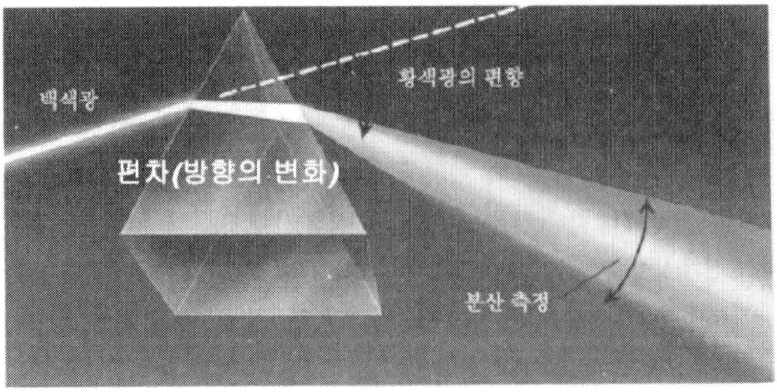

그림 3 빛의 분산 현상

▸ **전반사 :**

전반사는 매질에 굴절파가 존재하지 않는 조건으로 굴절각이 90° 이상에서 일어난다. 전반사가 일어나는 최소의 입사각을 전반사의 임계각(θ_C)이라 부르고, 식 (2)로부터 주어진다.

$$n_{입사}\sin\theta_{입사각} = n_{굴절}\sin(\theta_{굴절각} = 90^o) \;\Rightarrow\; \sin\theta_C = \frac{n_{입사}}{n_{굴절}} < 1 \quad \cdots\cdots (3)$$

전반사는 굴절률이 작은 곳(소한 매질)에서 굴절률이 큰 쪽(밀한 매질)으로 빛이 전파되는 경우에 일어난다.

또한 임계각을 구하면 매질의 굴절률을 구할 수 있다.

$$n_{매질} = n_{입사매질}\sin\theta_C \quad \cdots\cdots (4)$$

▸ **반사에 의한 편광 :**

편광되지 않은 빛이 경계면에서 반사하면 편광현상이 일어난다. 그런데 반사광과 굴절광 사이에 각도가 90°가 되면 반사광은 경계면에 수평방향으로 완전 편광되는 현상이 일어나는데, 이 경우의 입사각을 Brewster각(θ_B) 또는 편광각($\theta_{편광}$)이라 부른다. 이 경우 $\theta_{반사} + \theta_{굴절} = 90°$이므로 식 (2)에서

$$n_{입사}\sin\theta_{입사} - n_{굴절}\sin(90 - \theta_{입사}) - n_{굴절}\cos\theta_{입사} \quad \cdots\cdots (5)$$

$$\Rightarrow \tan\theta_{입사} = \frac{n_{굴절}}{n_{입사}} = \tan\theta_{편광}$$

대부분의 굴절광은 부분적으로 편광된 광이다.

실험방법

실험 1. 프리즘을 이용한 백색광원의 연속스펙트럼 관찰(분산)

① 광학레일 위에 할로겐등과 슬릿과 회전각도판을 일렬로 정렬한다.

② 회전각도판 위에 프리즘을 놓아 할로겐 백색광이 프리즘에 입사되도록 설치한다.

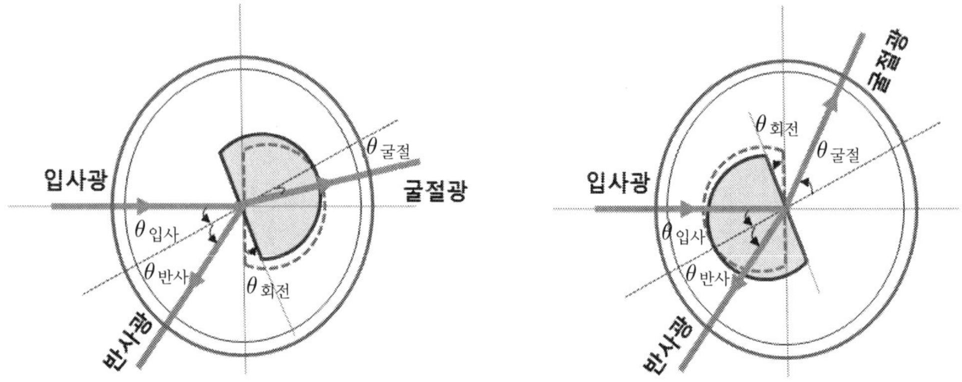

▌그림 4▐ (a) 소한 매질에서 밀한 매질, (b) 밀한 매질에서 소한 매질로의 빛의 굴절

③ 프리즘을 돌려가면서 투과하여 나오는 광선이 검은색 스크린에 무지개형 연속스펙트럼을 만들도록 위치시킨다.

④ 어느 색깔의 빛이 큰 편위각을 갖는지 확인한다. (어떤 색이 제일 아래쪽에 있는지 확인)

실험 2. 소한 매질에서 밀한 매질에로의 빛의 반사, 굴절, 편광각 측정

① 레이저(He-Ne 레이저, 출력 1.0mW, 파장 632.8nm 적색)를 광원으로 배치한다.

② 레이저를 켜고 레이저 슬릿을 열어 레이저가 회전각도판 위의 프리즘을 지나도록 [그림 4(a)]처럼 설치한다.

③ 회전각도판에서 레이저 광원의 입사각, 반사각, 굴절각을 읽는다.

④ 프리즘을 돌려가면서 레이저 광원의 입사각, 반사각, 굴절각을 읽는다.

⑤ 반사각과 굴절각이 90도가 되는 입사각을 측정한다.
(브루스터각 : $\theta_B + \theta_{굴절} = 90°$)

⑥ 반사광이 편광되었는지를 확인하기 위하여 편광자를 회전시키면서 반사광을 관찰한다.

⑦ 브루스터각을 이용해서 렌즈의 굴절률을 구한 것과 반사법칙으로 구한 값과 비교해보아라.

실험 3. 밀한 매질에서 소한 매질로의 빛의 반사, 굴절, 전반사 임계각 측정

① 레이저(He-Ne 레이저, 출력 1.0mW, 파장 632.8nm 적색)를 광원으로 배치한다.

② 레이저를 켜고 레이저 슬릿을 열어 레이저가 회전각도판 위의 프리즘을 지나도록 [그림 4(b)]처럼 설치한다.

③ 회전각도판에서 레이저 광원의 입사각, 반사각, 굴절각을 읽는다.

④ 프리즘을 돌려가면서 레이저 광원의 입사각, 반사각, 굴절각을 읽는다.

⑤ 굴절각이 90도가 되는 전반사의 임계 입사각을 측정한다.

주의

- 레이저의 직사광이나 반사광이 눈에 들어오지 않도록 눈과의 높이를 달리한다.
- 레이저 광을 직접 보지 않도록 주의 한다.
- 레이저는 항상 광학레일 위에만 위치시킨다.

예비 보고서

경계면에서의 빛의 성질

학과		학번		이름		실험조	
실험일시		공동실험자					

1. 실험목적

2. 원리요약(최종 결과식과 측정하는 양들을 중심으로)

3. 실험기구 및 재료

4. 실험방법

결과 보고서

경계면에서의 빛의 성질

학과		학번		이름		실험조	
실험일시		공동실험자					
담당조교							
온도		습도		기압			

1. 측정값

[표 1] 백색 가시광선의 스펙트럼 특성

$c = \lambda f$

실험 1. 소→밀로 입사할 때의 반사각과 굴절각 측정

[표 2] $n_1 < n_2$, $n_1 = 1$ 일 때, 반사, 굴절, 편광 : [실험 1]과 [실험 5]

		측정값		이론값		
n	입사각 θ_1	반사각 θ_1'	굴절각 θ_2	반사각 θ_1'	굴절률 $n_2 = n_1 \frac{\sin\theta_1}{\sin\theta_2}$	렌즈의 매질
1	0					
2	10					
3	20					
4	30					
5	40					
θ_B				편광조건: 편광방향:	$n_2 = \tan\theta_B$ $=$	굴절률의 비교:

θ_B **: 반사광과 굴절광이** $\pi/2$ **가 되도록 입사하는 각**

실험 2 밀→소로 입사할 때의 반사각과 굴절각 측정

[표 3] $n_1 > n_2$, $n_2 = 1$ 일 때, 반사, 굴절, 편광 : [실험 2]와 [실험 3]

		측정값		이론값		
n	입사각 θ_1	반사각 θ_1'	굴절각 θ_2	반사각 θ_1'	굴절률 $n_2 = n_1 \frac{\sin\theta_1}{\sin\theta_2}$	렌즈의 매질
1	0					
2	10					
3	20					
4	30					
5	45					
θ_C				전반사조건: $n_1 > n_2$ $\theta_C + \theta_2 =$	$n_2 = \sin\theta_C$ $=$	굴절률의 비교:

θ_C : **전반사의 임계각**

2. 실험값과 이론값과의 비교

3. 결과 및 토의

1) 실험결과와 이론결과를 비교해서 그 결과에 대한 이유를 기술해라.

2) 위 실험에 있어서 결과에 매우 예민하게 작용하는 요인은 무엇이며, 이 요인을 줄일 수 있는 방법을 기술해라.

3) 위의 실험경험이 실제로 적용될 수 있는 예를 들어 보시오.

2-13

반도체의 특성

실험목적

기본 동작원리를 관찰함으로써 몇 가지 반도체에 관한 중요한 성질을 알아보도록 한다.

실험원리

반도체는 20세기에 인류의 문명과 문화에 가장 커다란 혁명을 일으킨 발명품 중의 하나이다. 반도체의 원리는 양자역학이라고 하는 20세기초 물리학 이론에 기초를 두고 있다. 반도체에 관한 자세한 이론은 일반물리학의 범위가 아니기 때문에 여기서는 다루지 않지만 현대 과학은 물론 생활에서 반도체의 응용은 너무도 광범하기 때문에 일반물리학실험에서는 이 발명품의 기본 동작원리를 관찰함으로써 몇 가지 반도체에 관한 중요한 성질을 알아보도록 한다.

기체, 액체, 고체의 가장 중요한 차이점은 각 분자간의 거리에 있다. 즉, 기체분자간의 거리가 가장 길고 그 다음 액체, 고체의 순이다. 고체는 분자간의 길이가 짧기 때문에 그 길이나 약간의 변형에 따라 분자들 사이에서 에너지의 변화가 일어난다. 이에 따라 구속되어 있던 전자가 쉽게 이동할 수 있는 상황이 되기도 한다.

절연체(또는 부도체: 전류를 전혀 통하지 않는 물질)는 에너지 준위사이의 간격이 매우 커서 전자가 바로 위의 에너지 준위에 이동하는 것이 거의 불가능한 반면 도체(전류를 잘 통하는 물질)는 이 간격이 아주 작아 전자가 쉽게 이동할 수 있다. 반도체는 이들의 중간정도의 성질을 가지고 있다. 반도체는 보통상태에서는 절연체이지만 주위에 적당한 전압이 걸리면 도체와 같이 행동한다. 반도체는 1948년 W. Shockley와 Bardeen, Brattain이 발명하였고 이것으로 이들은 1956년에 노벨물리학상을 받았다. 이 현상에 대한 체계적인 설명은 기존의 고전 물리학으로는 불가능하고 20세기 물리학인 양자역학으로 가능하나 일반물리학의 범위를 넘기 때문에 여기서는 생략한다.

반도체에는 하나의 물질로만 이루어진 순수반도체와 하나의 물질에 약간의 다른 물질을 섞은 불순물반도체가 있다. 실제로 많이 사용되는 반도체는 불순물 반도체이다. 불순물의 성질과 양에 따라 불순물에 의해 새로운 에너지준위가 형성되고 이들은 상황에 따라 다양하게 변화를 일으켜 여러 가지 전기적 특성을 나타낸다. 이 때문에 다양한 종류의 반도체를 만들 수 있다.

반도체는 주기율표상의 4족 원소(Si, Ge)에 미세량의 3족(Ga, In)원소나 5족(P, As)들을 첨가해서 만들어진다. 원래 Germanium과 Silicon 등의 4족 원소로만 이루어진 물질은 원자의 최외각에 4개의 전자들이 있어서 4족 원자들끼리 강한 공유결합을 통해 결정상태로 존재한다. 따라서 여기에는 자유전자가 없으며 이들은 전류를 통하지 않는 강력한 저항체이다. 이중 실리콘(Si)은 모래의 주성분으로 지구상에서 산소다음으로 풍부하며 기술적으로 쉽게 가공 생산할 수 있어 반도체 재료로 많이 사용된다.

▶ N형 반도체

Si과 같은 4족 물질(Si, Ge : Germanium, Sn : Tin)에 불순물로써 약간의 5족 물질(P : Phosphorus, As : Asenic, Sb : Antimony)을 혼합하면 공유하지 않는 전자가 있어서 잉여전자의 형태가 된다. 따라서 음의 전하가 상대적으로 많아지고 이것은 N-type의 반도체를 만든다.

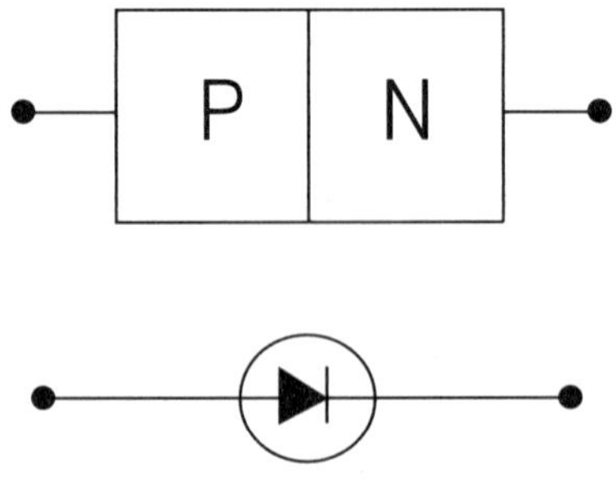

【그림 1】 정류 다이오드

▶ P형 반도체

반면에 4족 물질에 약간의 3족 물질(Al, Ga : Gallium, In : Indium)을 섞은 혼합 물질을 만들면 전자가 부족한 Hole이 발생한다. 이것은 전체적으로 상대적인 양의 전하를 띠게 하여 P-type의 반도체를 형성한다.

반도체 내에서는 도체만은 못하지만 작은 에너지로도 비교적 자유로이 전자가 Hole사이를 이동한다. 한 전자가 어떤 Hole로 이동하면 원래의 자리는 다시 Hole이 생기게 되어 인접전하가 이동할 수 있는 공간을 만들게 된다. 이로 인해 Hole이 연속적으로 위치를 옮기게 되고 이것은 '+' 전하가 흐르는 것과 같아 전류를 흐르게 하는 이유가 된다.

▶ P-N 접합 다이오드

이러한 두 개의 다른 형태의 반도체를 접합하여 얻을 수 있는 가장 기본적인 반도체가 P-N 접합 다이오드이다. [그림 1]은 P-N 접합 다이오드에 의한 정류 다이오드의 회로도에서의 표시기호이다.

순방향 : 이 다이오드의 P-형에 '+'의 극을 연결하고 N-형에 '-'의 극을 연결하는 것을 순방향의 바이어스(bias)를 건다고 한다. 이때는 회로에 전류가 흐르기 쉽다. 이것은 P-형에는 '+'전하로 볼 수 있는 hole이 많기 때문에 '+'극에 의해 이 hole들이 순차적으로 반발하여 N-형의 반도체로 이동한다. N-형의 반도체에서는 hole이 전자에 접근함에 따라 전자들이 계속 P-형 반도체 쪽으로 이동하며 이러한 전자는 N-형 반도체 끝에 걸려있는 '-'극에서 계속 공급된다. 마찬가지로 P-형 반도체 끝에 걸려있는 '+'극에서 hole을 계속 공급된다. 따라서 '+'전하로 볼 수 있는 hole은 '+'극에서 멀어지는 쪽으로 '-'전하인 전자는 '-'극에서 멀어지는 쪽으로 움직이게 되어 전류가 전압을 걸어준 방향으로 흐르게 된다.

역방향 : 반면에 각각에 반대의 극을 연결하면 역방향의 바이어스(bias)가 걸린다고 한다. 이 경우에는 회로에 전류가 잘 흐르지 않는다. 이렇게 되는 이유는 위와 정확히 반대이다. 즉, '+'극에 N-형의 반도체가 연결되어 있으면 N-형 반도체의 전자는 '+'전극으로 이동하고 P-형 반도체의 hole은 '-'전극으로 이동하여 두 반도체 사이에는 전자나 hole의 연속적인 흐름이 없게 되어 전압의 세기를 상당히 올려도 전류가 잘 흐르지 않는다.

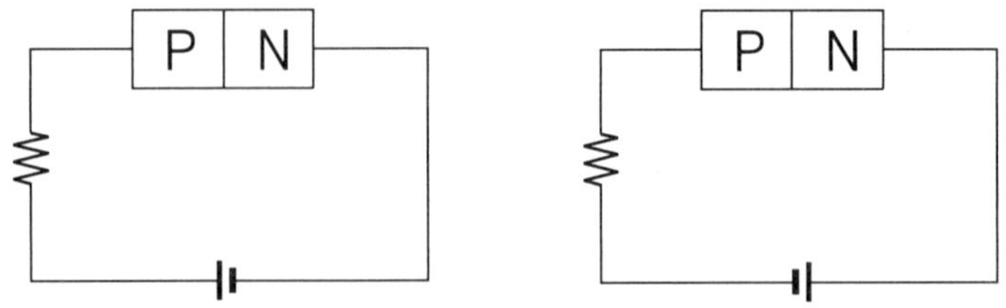

▌그림 2▐ 전압이 순방향과 역방향으로 걸린 회로의 회로도

이러한 반도체의 특성은 다음 식으로 잘 표시된다.

$$I = I_0 (e^{qV/kT} - 1) \quad \cdots\cdots (1)$$

이 식에 대한 그래프는 [그림 3]에 나타나 있다 ([그림 3]에 실선으로 표시된 그래프). 또한, 반도체에 따라 항복전압(P-N 접합 다이오드의 성질을 더 이상 유지하지 못하게 되는 전압)이 다르다. 역방향의 전압을 걸어주면 항복전압 이후에는 쉽게 전류를 통하는 반도체가 있다. ([그림 3]에서 점선으로 표시)

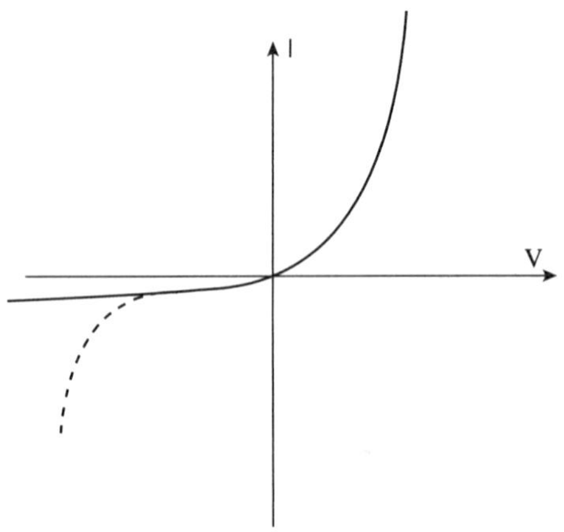

▌그림 3▐ 다이오드의 전압과 전류와의 관계

Zenner Diode : 제너 다이오드는 순방향의 전류만을 통과시키는 위의 특성을 가진 대표적인 반도체이다. 따라서 이 특성을 이용하여 교류를 직류로 바꾸는데 이 다이오드를 사용한다([그림 4]). 교류에서 '+'성분은 순방향이므로 통과시키고 '−'성분은 역방향이므로 통과를 막아 '+'성분의 전류만을 통과시킨다. 이러한 작용을 정류작용이라 한다. [그림 4]의 두 번째 그림의 음의 전류 부분은 정류되어 음의 전류가 사라졌음을 보여준다. 따라서 제너다이오드는 정류 다이오드라고도 불린다. 일반

다이오드는 역방향의 전압을 지나치게 올리면 항복전압에서 전류가 많이 흐르면서 원래 P-N 접합 다이오드의 성질이 파괴된다. 그러나 제너 다이오드는 전류가 많이 흘러 항복전압이 넘어도 나중에 전압을 낮추면 다시 원래 성질을 회복한다. 실험에서 사용될 정류 다이오드의 항복전압은 1kV이다. 일반적으로 제너 다이오드의 항복전압은 이보다 훨씬 낮다.

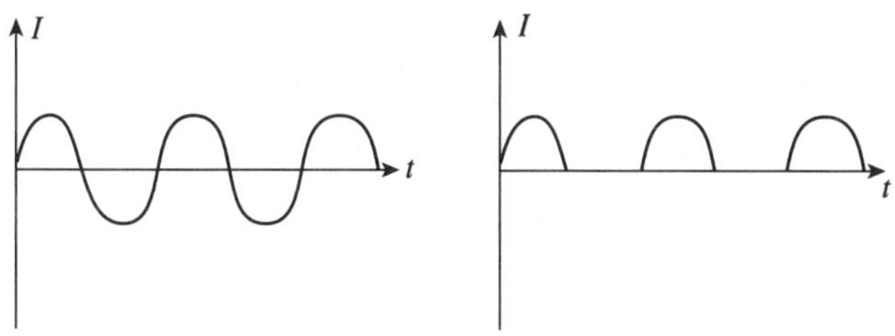

▌그림 4▐ 정류 다이오드를 통과하기 전 교류 전류와 통과한 후 정류된 전류

실험기기

다이오드 실험판, 디지털 전압계와 전류계, 전원장치, 3종류의 다이오드 (정류, 스위칭, 제너), 연결 도선

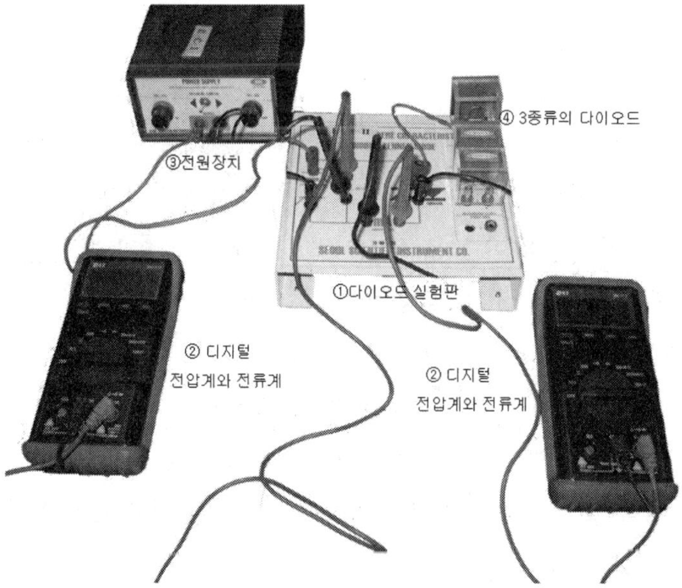

▌그림 5▐ 반도체 다이오드 실험장치

실험방법

다이오드 실험판에 표시된 것에 따라 연결 도선으로 전원과 전류계 전압계를 연결한다. 적색은 '+'에 흑색은 '-'에 연결한다. 전원은 회로 구성이 완전히 되어 있는 것을 확인한 후 켠다. 전류계는 0.2A의 단자를 선택한다.

실험 1. 정류 다이오드의 순방향 전류와 전압 측정

① 정류 다이오드(IN4007로 표시)를 찾아 실험판에 전압이 순방향이 되도록 꼽는다.

② 전원장치에서 순방향으로 스위치를 선택한다. (0V-3V 영역) 전압계의 불연속 선택 단자는 2V로 맞추고 연속적으로 변하게 하기 위한 전압계의 조절 손잡이는 '0'인 상태가 되도록 한 후 전압계를 켠다. 전류계의 전원(power)도 켠다.

③ 정류 다이오드에 걸리는 전압을 0.1V씩 증가하면서 전압과 전류에 대한 그래프를 그린다. 각 전압에 대한 다이오드의 저항도 계산한다(전압과 전류를 알기 때문에 저항값을 계산할 수 있다).

④ 전원과 전압계를 끈다.

실험 2. 정류 다이오드의 역방향 전류와 전압 측정

① 정류 다이오드를 실험판에 역방향이 되도록 꼽는다(순방향과 꼽는 방향을 반대로 한다).

② 전원장치에서 역방향 스위치를 선택한다. (0V-200V 영역) 전압계의 불연속 선택 단자는 200V로 맞추고 연속적으로 변하게 하기 위한 전압계의 조절 손잡이는 '0'인 상태가 되도록 한 후 전압계를 켠다. 만일 표시판에 '1'이 나타나면 200V의 전압보다 실제 전압이 높은 상태이므로 전압계의 불연속 선택 단자를 200V보다 한 단계 더 높은 전압으로 선택한다. 전압이 높으므로 감전되지 않도록 안전에 주의해야 한다.

③ 정류 다이오드에 걸리는 전압을 0.1V씩 0V에서 5V가 되도록 증가하면서 전압과 전류에 대한 그래프를 그린다(실제 전압 증가에 대해 전류 증가는 미미하다).

④ 순방향 전압을 걸었을 때의 결과와 역방향 전압을 걸었을 때의 결과를 한 그래프에 그린다.

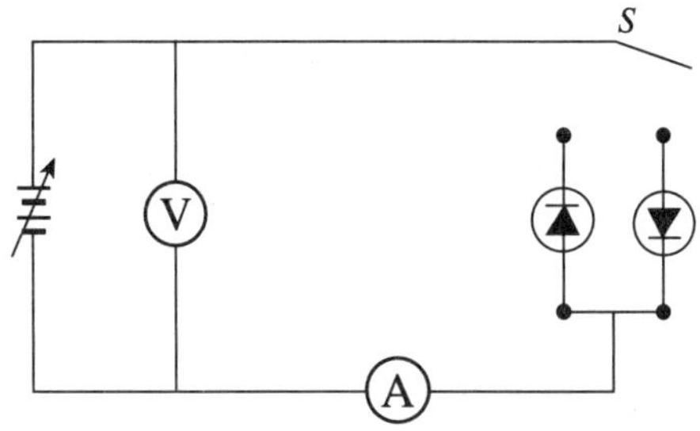

▌그림 6▌ 반도체 다이오드 실험장치 회로도

실험 3. 스위칭 다이오드의 순방향, 역방향 전압과 전류 측정

스위칭 다이오드는 on-off동작을 빠르게 한 다이오드로 특성은 정류 다이오드와 유사하다.

3.1의 2 과정을 스위칭 다이오드에 대해서도 실시한다. 단, 저항 계산을 할 필요 없다.

실험 4. 제너 다이오드의 역방향 전류와 전압 측정

3.2의 1에서 3의 과정을 제너다이오드에 대해서 반복하여 이 다이오드에 대한 역방향의 전압과 전류를 측정한다.

예비 보고서

반도체의 특성실험

학과		학번		이름		실험조	
실험일시		공동실험자					

1. 실험목적

2. 원리요약(최종 결과식과 측정하는 양들을 중심으로)

3. 실험기구 및 재료

4. 실험방법

결과 보고서

반도체의 특성실험

학과		학번		이름		실험조	
실험일시		공동실험자					
담당조교							
온도		습도		기압			

1. 측정값

[표 1] 정류 다이오드

순방향			역방향		
전압(V)	전류(mA)	저항(Ω)	전압(V)	전류(mA)	저항(Ω)
0.1			5		
0.2			10		
0.3			15		
0.4			20		
0.5			25		
0.6			30		
0.7			35		
0.8			40		

* 정류 다이오드의 순방향과 역방향의 전압과 전류에 관한 그래프를 그린다.
(X-축 : 전압, Y-축 : 전류)

[표 2] 스위칭 다이오드

순방향		역방향	
전압(V)	전류(mA)	전압(V)	전류(mA)
0.1		5	
0.2		10	
0.3		15	
0.4		20	
0.5		25	
0.6		30	
0.7		35	
0.8		40	

* 스위칭 다이오드의 순방향과 역방향의 전압과 전류에 관한 그래프를 그린다.
(X-축 : 전압, Y-축 : 전류)

[표 3] 제너 다이오드

순방향		역방향	
전압(V)	전류(mA)	전압(V)	전류(mA)
0.1		5	
0.2		10	
0.3		15	
0.4		20	
0.5		25	
0.6		30	
0.7		35	
0.8		40	

* 제너 다이오드의 순방향과 역방향의 전압과 전류에 관한 그래프를 그린다.
(X-축 : 전압, Y-축 : 전류)

2. 실험값과 이론값과의 비교

3. 결과 및 토의

1) 실험결과와 이론결과를 비교해서 그 결과에 대한 이유를 기술해라.

2) 위 실험에 있어서 결과에 매우 예민하게 작용하는 요인은 무엇이며, 이 요인을 줄일 수 있는 방법을 기술해라.

3) 위의 실험경험이 실제로 적용될 수 있는 예를 들어 보시오.

대학물리학실험

2011년 3월 15일 1판 1쇄 인쇄
2011년 3월 22일 1판 1쇄 발행

저자명 제 구 출

발행인 연 규 산

발행처 청범출판사

등 록 1991년 8월 13일 No. 5-282

주 소 서울시 노원구 공릉 1동 598-7
TEL : 971-5385 FAX : 977-8967

ISBN 978-89-88247-62-4 93420

가격 13,000원